最速の推計統計
― 正規分布の徹底攻略 ―

渡邊 洋 著

コロナ社

まえがき

統計学は，大きく**記述統計学**と**推計統計学**に分類される。

記述統計学は，入手した数値データの平均，分散，標準偏差を求め，グラフや表を使って視覚化することによって，データの要約を行う技法である。まずは入門としてこの記述統計学をマスターした後，推計統計学に進むこととなる。そして，この推計統計学を学ぶことによって，おもにつぎの二つのことができるようになる。

(1) 計測された数値をもとに，真の平均値や分散を予測すること。
(2) 計測された数値が，意味のあるぐらい珍しい結果なのかどうかを判断すること。

前者を**推定**といい，後者を**検定**という。これらは当てずっぽうな予測やいい加減な評価とはほど遠い，日常生活でも役に立つ数学的技術だ。そして，記述統計学の講義で学んだ平均や分散を理屈に沿って丁寧に用いれば，容易に習得できる技術である。しかし，実際に推計統計学を学んでも，途中からモヤモヤ感がつのりだし，なんとか最後までたどりついても，その後自信を持って統計という道具を使うことはなかなか難しい。

本書は1章当り約2時間で読み進めることによって，推計統計学のキモの部分に到達できることを目的としたものである。すなわち，なぜ推計統計学といえば正規分布のグラフ（**図1**）が登場するのか，その計算方法，その使い道などについて，腹の底から理解することをひとまずのゴールとする。その意味では，**最短で4章，もし余裕があれば6章までを理解できればそれでよい**。7章以降は，そこまでが十分に理解できてから挑戦することをお勧めする。本書読了時には，読者は広大な統計理論に立ち向かうための標準装備を得ているだろう。

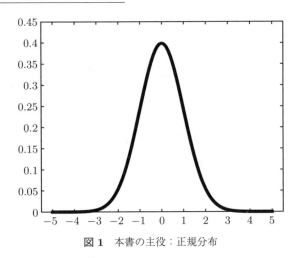

図 1　本書の主役：正規分布

本書は，記述統計学に関する基礎知識のある読者が対象となる[†]。また，一度統計の勉強をしたものの理解ができず，**統計には恨みのある読者が望ましい**。再履修さんいらっしゃいといったところだ。

本書は以下の 3 パートから構成されている。

(1)　本文：1 章から 8 章
(2)　付録
(3)　シミュレーションブック：各種統計理論の視覚化。ウェブよりダウンロード。詳細は後述。

本文はいわずもがなである。各章の最後には，セルフチェックリストをつけた。そこに挙げられた概念を，**自分で問題が作れるぐらい習得できたかどうか**を自己点検してほしい。章末問題も併記したので活用されたい。ただし，解法の手順を丸暗記して数字の当てはめを機械的にできるようになることが目的ではない。統計の問題を解くためには国語力が必要だ。すなわち，文章表現が出題者によって異なるため，学んだ参考書の表現と異なる場合の問題の解釈の仕方に慣れることが必要である。そこで，さまざまな表現による問題を多数含め

[†] とはいっても，平均，分散，標準偏差，最大値，最小値といった高校で習う程度の知識でよい。本書でも復習は若干行う。

た。いずれも筆者の経験上，どこかで見たような文章である。練習がまだるっこしい場合は，まずはストーリーを追うために先に本文を読み進めても，もちろんかまわない。

付録では，シミュレーションブックに関する情報，Excel の特殊な操作法，Excel の統計関数についての少々細かい補足を述べる。本文に含めてもよい重要な内容も含むが，話の流れを損ないかねないため，別立てとした。

シミュレーションブックとは，本書に出てくる理論や例題を読者のパソコンでシミュレーションするための，Excel ファイルである。統計理論は，データを数千から数万集めてグラフを書くことで，初めて視覚化できる。これを抜きにぼんやりとした概念図だけを提示されても，読者の疑念を払うことはできない。そこで，極力すべての理論をシミュレーションし，**難解な数式や概念が確かに象徴的なグラフとして表現できる，しかも何回やり直してもその傾向は変わらない**ことを示した。

Excel をお持ちの読者は，このシミュレーションブックをコロナ社のサーバよりダウンロードして，ぜひシミュレーションの楽しさを味わっていただきたい。使用にあたって，特に高度な Excel のスキルを必要とするものではないが，上述したように，最低限の情報を本書の付録に掲載している。

Excel をお持ちでない読者は，シミュレーション結果の画面はすべて本文中に掲載されているので，本文のストーリーを追う過程でそれらを見ていただきたい。

2016 年 8 月

渡邊　洋

目　　次

1.　推計統計学のイメージ

1.1　計測とはガラポンである……………………………………………… *1*
　　1.1.1　ガ　ラ　ポ　ン………………………………………………… *2*
　　1.1.2　母　集　団……………………………………………………… *2*
　　1.1.3　無　作　為　化………………………………………………… *4*
　　1.1.4　抽　　　　　出………………………………………………… *4*
　　1.1.5　標　　　　　本………………………………………………… *5*
　　1.1.6　標 本 の 大 き さ……………………………………………… *5*
　　1.1.7　標　本　数……………………………………………………… *6*
1.2　なぜ私たちはデータの平均をとるのか……………………………… *7*
セルフチェックリスト……………………………………………………… *11*
章　末　問　題……………………………………………………………… *11*

2.　分　　　　　布

2.1　度数分布表とヒストグラム…………………………………………… *12*
2.2　度数分布表を使った計算例…………………………………………… *15*
セルフチェックリスト……………………………………………………… *17*
章　末　問　題……………………………………………………………… *17*

3. 平均と分散と標準偏差

- 3.1 図形的に理解する ……………………………………………… 19
- 3.2 なぜ平均，分散，標準偏差が重要なのか ……………………… 26
- 3.3 ギリシア文字表記とアルファベット表記 ……………………… 29
- 3.4 分散には気をつけろ（予告） …………………………………… 29
- セルフチェックリスト ……………………………………………… 30
- 章末問題 …………………………………………………………… 30

4. 中心極限定理と正規分布，およびその計算

- 4.1 1ミリたりともわからない定理 ………………………………… 32
- 4.2 サイコロを振るということは …………………………………… 33
- 4.3 乱数と乱数の平均は乱数か？：ここがヤマ場 ………………… 35
- 4.4 中心極限定理の「平均」に関する記述を理解する …………… 38
- 4.5 中心極限定理の「標準偏差」に関する記述を理解する ……… 43
- 4.6 理論値との突き合わせ …………………………………………… 45
- 4.7 正規分布の計算：その1 ………………………………………… 47
  - 4.7.1 まずは表を使った手計算 ………………………………… 47
  - 4.7.2 積分で考える ……………………………………………… 49
  - 4.7.3 Excelの関数を使って積分する ………………………… 51
- 4.8 正規分布の計算：その2 ………………………………………… 55
- セルフチェックリスト ……………………………………………… 58
- 章末問題 …………………………………………………………… 59

5. 正規化と標準化と z 変換

5.1 標準正規分布 ·· 60
5.2 標準正規分布の数式を読み解く ·· 65
5.3 $\pm 1\sigma$, $\pm 2\sigma$, $\pm 3\sigma$ ··· 68
セルフチェックリスト ··· 73
章末問題 ·· 73

6. 推定 1：母平均を計測結果から幅つきで予想する

6.1 まずはロードマップを ··· 75
6.2 母集団が正規分布するとき，かつ母集団の標準偏差が
　　わかっている場合 ·· 76
　6.2.1 「95％信頼区間」とはどういう意味なのか ························· 76
　6.2.2 問題の機械的な解き方 ·· 82
　6.2.3 z 変換との関係 ·· 82
6.3 母集団の分布は不明だが，母集団の標準偏差が
　　わかっている場合 ·· 84
　6.3.1 信頼区間を求める問題 ·· 84
　6.3.2 標本の大きさを求める問題 ·· 87
6.4 母集団は正規分布するが，平均と標準偏差は不明で，
　　標本の大きさ 30 未満の場合 ·· 89
　6.4.1 t 分布と不偏分散の登場 ··· 89
　6.4.2 不偏分散の定義 ·· 91
　6.4.3 不偏分散のシミュレーションによる理解 ·························· 92
　6.4.4 不偏分散 u^2 の平方根は何者か ·· 95

	6.4.5	t 分布の導入とシミュレーション ·································	*97*
	6.4.6	t 分布の数式表現 ···	*101*
	6.4.7	t 分布を使った区間推定 ··	*103*
	6.4.8	Excel の関数を使って信頼区間を求める ························	*106*

6.5 母集団は正規分布するが，平均と標準偏差は不明で，
   標本の大きさ 30 以上の場合··· *110*

セルフチェックリスト ·· *111*
章 末 問 題·· *111*

7. 推定 2：母分散を計測結果から幅つきで予想する

7.1 まずはロードマップを ·· *113*
7.2 カイ 2 乗分布：その 1（母集団が標準正規分布の場合）·············· *114*
7.3 カイ 2 乗分布：その 2（母集団が正規分布し，
   母平均 μ が既知の場合）·· *118*
7.4 カイ 2 乗分布：その 3（母集団が正規分布し，
   母平均 μ が不明の場合）·· *120*
7.5 統計量 ns^2/σ^2 が自由度 $n-1$ のカイ 2 乗分布に
   従うことの確認 ·· *122*

セルフチェックリスト ·· *124*
章 末 問 題·· *124*

8. 検　　　　定

8.1 片側検定と両側検定 ·· *126*
8.2 母平均の検定 ·· *128*
   8.2.1 母集団が正規分布とわかっているとき ·························· *128*

8.2.2	母集団の分布は不明だが母分散がわかっている場合	130
8.2.3	母分散が不明で，標本が小さい場合：t 検定	132

8.3 母平均の差の検定（標本の大きさが 30 未満のとき）：t 検定 ……… 134
   8.3.1 手で計算する ……………………………………………………… 134
   8.3.2 Excel のツールで計算する ……………………………………… 136
   8.3.3 母平均の差が t 分布に従うことを確認する ………………… 138
   8.3.4 補足：標本の大きさが 30 以上のとき …………………………… 140

8.4 母比率の検定 ………………………………………………………………… 140
   8.4.1 統計量の手計算 …………………………………………………… 140
   8.4.2 Excel シミュレーションによる確認 …………………………… 142

8.5 母比率の差の検定 …………………………………………………………… 144
   8.5.1 統計量の手計算 …………………………………………………… 144
   8.5.2 Excel シミュレーションによる確認 …………………………… 145

8.6 カイ 2 乗検定 ………………………………………………………………… 148
   8.6.1 統計量の手計算 …………………………………………………… 148
   8.6.2 Excel シミュレーションによる確認 …………………………… 150

8.7 試験で ○ がもらえる検定の答案の書き方について ………………… 153
   8.7.1 例題と解答 ………………………………………………………… 153
   8.7.2 有意水準 …………………………………………………………… 154
   8.7.3 帰無仮説と対立仮説 ……………………………………………… 155
   8.7.4 棄却閾 ……………………………………………………………… 155

セルフチェックリスト ……………………………………………………………… 156
章末問題 ……………………………………………………………………………… 156

付録 ……………………………………………………………………………… 158

A.1 Excel によるシミュレーションブックについて ……………………… 158
   A.1.1 動作環境 …………………………………………………………… 158
   A.1.2 ダウンロード ……………………………………………………… 158

A.1.3　Excelの使用について ·· *158*

A.2　Excelを使った度数分布の求め方 ······································ *160*

　A.2.1　データ範囲を確認する ··· *160*

　A.2.2　区間を設定する ··· *160*

　A.2.3　度数を出力する範囲を選択する ··································· *161*

　A.2.4　関数を入力する ··· *162*

　A.2.5　フィニッシュ！ ··· *162*

　A.2.6　グラフ（ヒストグラム）の作成 ··································· *163*

A.3　スタージェスの公式 ·· *165*

A.4　正規分布するデータセットを`norm.inv`で作る ···················· *166*

　A.4.1　ランダムデータを作る ··· *166*

　A.4.2　正規分布データを作る ··· *166*

A.5　関数`norm.dist`内の最後のパラメータについて：
　　　累積分布関数と確率質量関数 ·· *168*

A.6　ヒストグラムが理論値と一致しない？：
　　　確率密度とはなにか ··· *169*

参考書籍およびウェブページ ··· *172*
章末問題解答 ·· *175*
おわりに ··· *188*
索　　引 ··· *192*

逆引き目次

Excel 操作

度数分布表およびヒストグラムを自動的に作成したい	A.2
シミュレーションのために，一様にばらついた（ランダムな）データや，正規分布するようなデータを作りたい	A.4
正規分布の積分値を求めたい（積分区間から面積を求めたい）	4.7
正規分布の積分区間を求めたい（面積から積分区間を求めたい）	4.8
中心極限定理が成り立つことをシミュレーションで確かめたい	4.6
95％信頼区間の意味をシミュレーションで確かめたい	6.2.1
不偏分散と $n-1$ の関係をシミュレーションで確かめたい	6.4.3
正規分布を数式からグラフ化したい	3.2, 5.2
t 分布を数式からグラフ化したい	6.4.6
t 分布が成り立つことをシミュレーションで確かめたい	6.4.5
カイ2乗分布が成り立つことをシミュレーションで確かめたい	7.5

推定

母平均の推定

母集団が正規分布し，かつ母集団の標準偏差がわかっている場合	6.2, 章末問題6【2】
母集団の分布は不明だが，母集団の標準偏差がわかっている場合	6.3, 章末問題6【1】，【3】，【4】
母集団は正規分布するが，平均と標準偏差は不明で，標本の大きさ30未満の場合	6.4, 章末問題6【5】，【6】
母集団は正規分布するが，平均と標準偏差は不明で，標本の大きさ30以上の場合	6.5

母分散の推定

母集団が標準正規分布し,かつ母平均がわかっている場合	7.2
母集団が正規分布であり,母平均もわかっている場合	7.3, 章末問題7【1】
母集団は正規分布するが,母平均が不明の場合	7.4, 章末問題7【2】

検定

データが「実測値」である場合,それがレアな値かどうかの検定

データが,すでにわかっている正規分布の中でレアな値であることの検定	8.2.1, 章末問題8【1】
データが,母分散のみがわかっている形状不明な分布の中でレアな値であることの検定	8.2.2, 章末問題8【2】, 8【3】
データが,母分散不明の正規分布の中でレアな値であることの検定	8.2.3
二つのグループの平均値が,統計的に有意に異なることの検定	8.3

データが「比率」である場合,それがレアな値かどうかの検定

データが,従来わかっている比率と有意に異なるかどうかの検定	8.4, 章末問題8【4】
二つのデータが,統計的に有意に異なることの検定	8.5, 章末問題8【5】
二つ(あるいはそれ以上)のカテゴリーの構成比率が,理論的な比率と有意に異なることの検定	8.6, 章末問題8【6】

1 推計統計学のイメージ

1.1 計測とはガラポンである

　本書はあまた世間で売られている統計関連の書物の中で，読者が最も短期間で統計のキモを理解できることを目標とした。全体の約 1/4 ほど読み進めてもらえれば，そのキモに到達できるようにしてある。そのために，従来の教科書ではこまごまと語られている途中経過をばっさばっさと切り落としていく。ギリシア文字一覧表や Σ の計算方法などで数学感を出すこともしない。また，なるべく専門用語ではなく，普通の日本語で語りかけていくことを目指している。とはいえ，もし本書でいい加減な言葉遣いを学んで，読者が将来恥ずかしい思いをすることは避けねばならない。そこでいくつかの言葉についてはここで整理をしつつ，推計統計学が目指すものについてのイメージをまず明確にしておく。

　構成として，一般論をまず述べ，「成人男性の体重計測」という具体的場面での例を併記することとする。ここであなたが調べたいことは，**すべての成人男性の体重を代表する値，すなわち平均値**である。特定の国の男性，特定の職業の男性，特定の年代の男性など全数を調べるには膨大すぎるデータ集団をイメージしてもらいたい。その集団の体重を「一言」で要約する適切な尺度が平均値であることは，直感的に同意していただけるだろう。**神様しか知らない真の平均値**を，数少ないデータだけから知るための技法をこれから学んでいく。

1.1.1 ガ ラ ポ ン

まずは，つぎのイメージを，本書を読む間，一貫して持っていただきたい。すなわち商店街の福引きである。**図 1.1** はそのとき使用される日本での標準装置，ガラポンである[†]。**計測とはガラポンを使った抽選である**。推計統計学とは**計測**によってランダムにデータを現実的な個数だけ抜き出し，そのデータを生み出した母集団（後述）の特性を，まさに推し量る（推計する）理論と技法である。

図 1.1　ガ ラ ポ ン

例 1.1　1 人の体重を 1 回計測するということは，0 kg から無限大 kg までのあらゆる可能性の中から一つの数値を抽選することである。しかし，志はすべての成人から求めた平均体重を知りたい，というものである。

1.1.2 母 集 団

さて，このガラポンの中には一つひとつに数字が書かれた玉が多数入っている。どんな数字がどれくらいの割合で入っているかは，私たちにはわからない。

[†] 正式名称は，新井さんが考案した「新井式回転抽選器」というらしい（Wikipedia より）。

ガラポンに含まれる玉全体を**母集団**と呼ぶ。現実的には有限の玉から構成されるが，理論的には無限の玉が入っているとイメージしてもらいたい。前項の繰り返しとなるが，推計統計学とはこの母集団から抜き出した一部のデータに基づいて，母集団の平均値（**母平均**）や母集団の分散（**母分散**）を推定する統計理論のことである。

例 1.2 ガラポンには，一つのパチンコ玉に 1 人の成人男性の体重が書かれたものが無数に入っている。どの値が出やすいかはわからない。しかし，テーマからして，「成人男性の平均体重」付近の数値が書かれた玉が出やすく，逆に 5 kg とか 500 kg とか書かれた玉は可能性ゼロとはいわないがほとんど出ることはないだろう，と直感して結構だ（**図 1.2** (a)）。逆に「サイコロを振る」というシチュエーションだったら，1〜6 の値は均等にガラポンの中に入っていないとイカサマということになる（図 1.2 (b)）。

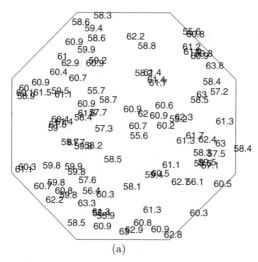

図 1.2 体重の値が入ったガラポン (a) と，サイコロの出目が入ったガラポン (b)。無秩序に散らばっていることを示すために，あえて数値が重ね書きされているところがある。

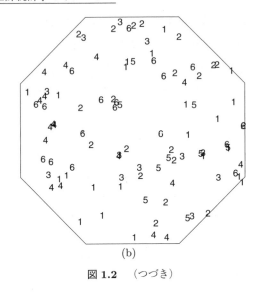

(b)

図 1.2　(つづき)

1.1.3　無　作　為　化

さて，抽選券を手に入れた人はまずガラポンのハンドルを回し中身をよく混ぜ，偏りをなくす．これが**無作為化**である．かっこいい響きがお好みなら**ランダマイズ**といってもいい．

例 1.3　成人男性の平均体重を調べたいならば，特定の年齢の人や，特定の地域に住む人などを意図的に選んではいけない．

1.1.4　抽　　　　出

ガラポンを十分にかき混ぜたと思ったらさっきとは逆方向に回す．すると側面の穴から通常は1個の玉が排出される．この行為が**抽出**である．**サンプリング**ともいう．

例 1.4 選ばれた人の「体重を計測する」ということである。

1.1.5 標　　本

出てきた玉に書かれた数字が**標本**である。**サンプル**や**データ**といったほうがなじみ深いかもしれない。

例 1.5 選ばれた人の「体重計測の結果」ということである。

1.1.6 標本の大きさ

普通，ガラポンの側面には穴は 1 個しか空いていないが，統計学の世界では複数の穴が空いたガラポンをイメージしていただきたい。n 個の穴が空いていれば，同時に n 個の玉すなわち標本を取り出すことができる（**図 1.3**）。1 回の抽出（サンプリング，計測，調査）で入手できるデータ数のことを**標本の大きさ**あるいは**標本サイズ**という。つぎの「標本数」と合わせて理解しにくい概念であるが，用語の誤用で揚げ足をとられると不愉快なので，ここは一つしっかり押さえておきたい。

本書ではくどいほど「標本の大きさ 3」「標本の大きさ 5」といった書き方をする。日常生活では「3 個のデータ」「5 人のデータ」といいたいところだ。したがって，意味さえ把握できれば，そのように脳内変換してもらったほうが読みやすいとは思う。

例 1.6 複数人の体重計測結果を得ることを意味する。

図 **1.3** 同時に二つのボールが出る,すなわち標本の大きさが 2 となるガラポン

1.1.7 標 本 数

抽選券を複数持っていれば,それに応じてガラポンを回すことができる。ガラポンを回す回数,すなわち大きさ n の標本を集める回数を**標本数**という。この概念は混乱しやすいので注意が必要だ[†]。

通常,実験場面では,データ収集には時間がかかる。このガラポンのたとえのように,同時に(イメージとしては数秒から数分でちゃっちゃと)5 個も 10 個もデータがとれることはない。したがって,10 個のデータを表現するのに,穴が一つのガラポンを 10 回回したと思い「標本数が 10」といってしまいがちだ。そうではなく,ある一つの条件のもとで 10 個のデータをとる限り,「**大きさが 10 の標本を 1 個得た**」というべきである。この実験を 5 回繰り返したとき,「**大きさが 10 の標本を 5 個得た**」といえるのである。

[†] 独立行政法人 労働政策研究・研修機構というお堅い名前のウェブページで,堀春彦さんという研究員が「サンプル数とは何か?」というおもしろいコラムを掲載していたので,興味のある方はご一読いただきたい。
http://www.jil.go.jp/column/bn/colum005.html

例 1.7 1 日あたり 3 人の体重を計測し，これを 10 日間記録し続けた場合，大きさが 3 の体重に関する標本を 10 個得た，といえる。

1.2 なぜ私たちはデータの平均をとるのか

続いて，以下の会話をお読みいただきたい。成人男性の平均体重を調べるというテーマは，前節と共通である。

「ランダムに選んだ 4 人の体重を測定して，60.1, 59.7, 60.2, 59.9 kg という四つのデータがとれた。つぎにあなたはどうする？」
「そりゃ普通，平均がとりたくなります。$(60.1 + 59.7 + 60.2 + 59.9)/4 = 59.975$ kg ってね」
「では，その値，59.975 kg にはどんな意味があるの？」
「4 個の計測データの平均値は 59.975 kg，ただそれだけじゃないの？」
「それでいいの？ なんのために測定をして平均値をとったの？」
「そりゃあ，真の平均体重が知りたかったから」
「じゃあ，真の平均体重は 59.975 kg と言えばいいじゃない」
「59.975 kg と言い切るのは …，言いすぎじゃないかなあ。偶然かもしれないし」

この会話には，統計を学ぶときに持つべき重要な問題意識が含まれている。

問題意識その 1　複数の数字を見ると，思わず平均値をとりたくなるのは人類の本能だと筆者は思っている。しかし，私たちはいつの間にそのような行動原理をインプットされてしまったのだろうか。そもそも平均値とはなんなのだろうか。

問題意識その2　「計測」をするとはなんだろうか。それは，会話にもあるように，「真の平均値」が知りたいからだ。だから私たちは体重計に乗り，視力検査をし，電池の耐久時間や薬の効果を計るのだ。

問題意識その3　その割に，なぜか「真の平均値」を標本の平均値で表現することに関して私たちは臆病である。「偶然」というお化けの存在をことさらに意識してしまいがちである。

　ここで，最後に出てきた臆病さを取り払っておこう。複数のデータを平均値にしてしまえば，それは「ほぼ真の平均値である」といってよい。もちろんお化け（偶然）は存在する。さまざまな理由から「偶然」変なデータがとれることはある。1回しか計測しなければ，お化け「だけ」を引き当てることはありうる。しかし，複数のデータを計測すれば，そのデータ群がお化けだらけになることはめったに起きない。この段落に書いてあることは，「中心極限定理」として証明されている。証明はめちゃくちゃ難しいが，意味としては以上のように単純な話である。そして，この単純な話が正規分布（「まえがき」の図1）とダイレクトに関わりを持つ。だから，統計といえば，正規分布の勉強をさせられるのだ。これが本書のいう統計のキモである。このキモのすごさは，のちにシミュレーションでお目にかけるので，期待してほしい。

　くどいが，キモなのでもう一度書く。複数のデータの平均値をほぼ真の平均値と考えてよい。ただし，偶然によって若干のふらつきは生じる。そのふらつき加減は正規分布で表現できる。だから，正規分布の勉強をしなければならない。というか，基本的に正規分布の勉強さえすればよい。

　たいていの統計の教科書では，このキモ（中心極限定理）は本の中盤以降にやっと，しかもさらっと登場する。そしてそのころには，たいていの読者は寝てしまっている。なので，いつの間にか現れた正規分布とその計算方法に振り回されて自分がなにをやっているかわからなくなるのである。ミステリー小説ではないのだから，先に犯人をばらしてもいいと思うのだが，なぜかこの構成

は御法度のようだ。

のちほどあらためて述べるが，統計のやりたいことは，以下の単純な三つのプロセスでしかない。

(1) 目の前にあるいくつかのデータを使って「ある統計量」を計算する（大して難しい計算ではない）。
(2) 「ある統計量」はそれに対応した「ある分布」が想定されている（特徴的な山型をしており，数式で定義されている）。
(3) 「ある分布」の中で，1. で計算した「ある統計量」は珍しい値なのか，ありきたりの値なのかを判断する（山の端っこに位置するのか，中央付近に位置するのかを判断する）。

「統計量」とか「分布」とかいわれてもぴんと来ないかもしれない。例えば平均値。これも立派な「統計量」である。なぜなら平均値をたくさん集めれば「正規分布」になるからである。「平均値」と「正規分布」は対応する関係にあるのだ。

ほかにも

- 標本の 2 乗和：たくさん集めればカイ 2 乗分布を形作る
- $\dfrac{標本平均 - 真の平均 \mu}{u/\sqrt{n}}$：たくさん集めれば t 分布を形作る

が考えられるが，いまはなんのことやら意味不明な話だと思われる。ただ押さえておいてもらいたいのは，分布は当然ながらそれぞれなにかを表現するのに役立つ数学的なモデルであり，それは決められた手法で計算（変換）されたデータがたくさん集まってできたものだ，ということ。それをこれから一つひとつこの目で確かめていこうというわけだ。図 1.4 に推計統計学に必ず登場する分布を紹介する。いずれも難解な数式で定義されるものだが，本書読了後は，その実体も使い道も計算方法も，すべて理解できているはずである。

10   1. 推計統計学のイメージ

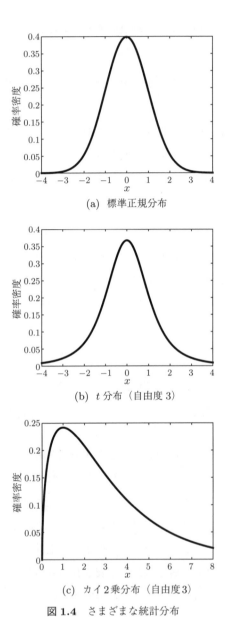

(a) 標準正規分布

(b) t分布（自由度3）

(c) カイ2乗分布（自由度3）

図 1.4　さまざまな統計分布

セルフチェックリスト

(1) 各種基礎用語の概念は正しく持っているか。特に「標本の大きさ」と「標本数」の違いが確かにわかっているか。

章 末 問 題

【1】 つぎの文章中の（ア）〜（エ）内に適切な用語を入れよ。

　　　新しく開発したパソコンの最大連続使用時間について調べるため，製品ラインから10台のパソコンを（ア）に（イ）した。室温，湿度など同一の環境条件のもとで10台同時にパソコンの電源を入れ，電源が切れるまでの時間を計測した。計測は日を替えて計3回行った。この場合，標本の大きさは（ウ）であり，標本数は（エ）である。

2 分布

2.1 度数分布表とヒストグラム

　本書冒頭から，ずっと正規分布の勉強が大事なのだと述べてきた。「正規」とは "normal"（ノーマル）の訳である。すなわち正規分布とは基本的な分布，すべての源となる重要な分布と捉えればよい。「まえがき」に示した図1を見るときれいな形をしているから，きっと数式でうまく表現できそうだ。この数式はのちほど紹介する。

　ここでいったん「正規分布」という言葉は横に置いておいて，単なる「分布」とそれを構成しているデータの関係をイメージできるようになろう。**表 2.1** は，適当に作った50人分の学力テスト（100点満点）の結果である。出席番号と得点が対になっている。しかし，これだけを見ても，雑多な数字が並んでいるだけで，この50人のクラスがどのような特性を持っているかは知るよしもない。そこで，度数分布グラフ（ヒストグラム）という表現に変換する。なんのことはない，100点を適当な小区間に分割し，各区間に何人含まれるかという表現にまとめ直すのだ。中学・高校時代に一度は見たことがあるはず。

　ではやってみよう。10点刻みぐらいでよいのではないかな。すなわち0点以上10点未満，10点以上20点未満，…，90点以上100点以下[†]という10個の

[†] 最後の区間だけ，90点以上100点「以下」と特例的措置をしている。便宜的なものであるのでさほど気にする必要はない。「テストの点数」という問題では両端が決まっている（0点と100点）ため，このような事態が発生する。値の範囲が無限小から無限大の場合「以上〜未満」でも「より大〜以下」でも同じことである。

2.1 度数分布表とヒストグラム

表 2.1　50 人の学力テスト結果

出席番号	得点	出席番号	得点	出席番号	得点
1	92	21	65	41	44
2	76	22	69	42	90
3	36	23	98	43	83
4	81	24	99	44	74
5	69	25	97	45	73
6	57	26	38	46	99
7	38	27	99	47	31
8	54	28	69	48	66
9	62	29	80	49	74
10	36	30	58	50	84
11	49	31	60		
12	43	32	85		
13	33	33	31		
14	44	34	70		
15	38	35	70		
16	94	36	70		
17	51	37	79		
18	75	38	46		
19	65	39	61		
20	97	40	96		

表 2.2　度数分布表

区間下限	区間上限	度数
0	10	0
10	20	0
20	30	0
30	40	8
40	50	5
50	60	4
60	70	9
70	80	9
80	90	5
90	100	10

区間[†1]にそれぞれ何人入るか数える[†2]。この結果が表 2.2 に示される度数分布表である。さらにこれを棒グラフ化したものが図 2.1 となる（これがヒストグラム）。普通の棒グラフと違って，棒と棒の間隔をぴったりくっつけるところが

[†1]　それぞれの区間の最小値，最大値を「区間下限」および「区間上限」という。
[†2]　区間に含まれるデータ数を「度数」という。

14   2. 分　　　　布

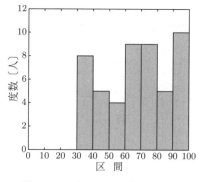

図 2.1　50人のテスト結果をヒストグラム化したもの

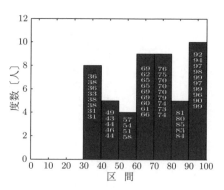

図 2.2　図2.1に構成データを書き込んだもの

ポイントだ。度数分布をグラフ化せよ，といわれたら通常はこれで OK だ。ここではちょっとおせっかいをして，各棒の中にそれを構成する素データを書いてみる（図 2.2）。

当然のことながら，出席番号とヒストグラムの中での位置関係にはなんの規則性もない。学力テストの得点という基準で50人を配置し直せばこのようなグラフ（図2.2）になり，出席番号順に並べ直せば表2.1となる。

このようにヒストグラムになってしまえば，個人個人の顔は見えなくなってしまうが，その代わりに全体的な傾向，すなわち「分布」が手に取るようにわかる[†1]。

それはともかく，ここで統計を学ぶ上でとても大事な考え方に触れておきたい。すなわち「割合」と「確率」だ。さきほどの表2.2に戻る。50人のテスト結果を度数分布表として数え直したあの表である。それぞれの区間に何人が含まれるかが書いてあるわけだが，それぞれの数字を総数すなわち50人で割って，割合に変換したものが表 2.3 である。これを「相対度数分布表」と呼ぶ。そして，これをヒストグラム化したものが図 2.3 となる[†2]。

[†1] 付録には Excel の関数を使った度数分布の数え方を掲載しておく。非常に便利な関数（だが使い方が普通ではない）なので，マスターするとたいへん重宝します。

[†2] 縦軸を見比べると，実際の数値（人数）が単位のない割合に変わっている。

表 2.3　相対度数分布表

区間下限	区間上限	相対度数
0	10	0.00
10	20	0.00
20	30	0.00
30	40	0.16
40	50	0.10
50	60	0.08
60	70	0.18
70	80	0.18
80	90	0.10
90	100	0.20

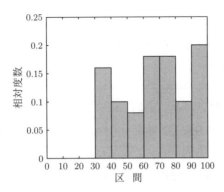

図 2.3　相対度数によるヒストグラム。形状は図 2.1 と同じだが，縦軸が違う。

2.2　度数分布表を使った計算例

ここで表 2.3 を見ながら，つぎの例題を考えてほしい。

例題 2.1　30 点以上 40 点未満の人は全体の何%を占めるか？

これは簡単で，表の中の 30 点以上 40 点未満の範囲に相当する数字を答えればそれでよい。

【解答】　30 点以上 40 点未満の範囲が全体に占める割合が 0.16 なので，$0.16 \times 100 = 16$ で 16%。　　　　　　　　　　　　　　　　　　　　　　　◇

例題 2.2 50 点以上 80 点未満の人は全体の何％を占めるか？

直感的に「50 点以上 60 点未満」「60 点以上 70 点未満」「70 点以上 80 点未満」の三つの数字を足したことと思う。それで正解だ。これは図 2.3 内の 3 本の短冊の面積を足したことになる。

【解答】 $(0.08 + 0.18 + 0.18) \times 100 = 44$ で 44％。 ◇

短冊の「面積」とはなにを意味しているだろうか。それがつぎの例題 2.3 である。

例題 2.3 でたらめに 1 人選び出した人の点数が 80 点以上 90 点未満である確率はいくらか？

すなわち「全体」に占める「面積」は，その事象（ここでは「80 点以上 90 点未満」という出来事）が起こる確率を意味している。面積が広ければ起こりやすいし，面積が狭ければ起こりにくい。日常的な直感どおりだ。

【解答】 85 点を含む短冊の面積は 0.1 なので 10％。 ◇

例題 2.4 0 点以上 100 点以下の人は全体の何％を占めるか？

【解答】 答えは当然 100％。 ◇

すなわちすべての事象（0 点以上 100 点以下）の面積は，すべての短冊の面積を足し合わせたもので，当然 100％（割合でいえば 1）だし，それが起こる確率も 100％。

おそらくすべて答えることができたと思う。ここでみなさんは「割合」の性質を直感的に使いこなしているのである。

以上のことをまとめる。至極当たり前のことだがめちゃくちゃに大事なこと。

(1) 「対象となる出来事の数」÷「起こりうるすべての出来事の数」が「割合」

（全体に占める面積）であると同時に，対象となる出来事が起こる「確率」である。

(2) 「対象となる出来事」は「10 点以上 20 点未満」「5 人以上 8 人未満」「30.5 cm 以上 31.5 cm 未満」というように幅を持った存在として考える。幅を 0 にしてしまうと「面積すなわち確率」は計算できない。

(3) 「面積すなわち確率」は足し算をすることができる。引き算もできる。割り算もできる。ただしかけ算はできない。面積と面積のかけ算 … これは意味がない。

(4) 起こりうるすべての出来事の確率の合計は 100 ％（= 1）になる。

このことをよーく覚えておいてほしい。のちのちの計算問題は，すべてこの性質に頼ったものである。

セルフチェックリスト

(1) 度数，区間，区間上限，区間下限の概念は正しく持っているか。
(2) 素データから度数分布表が書けるか。
(3) 相対度数とはなにか。
(4) 「短冊の面積」=「その区間に含まれるデータが発生する確率」と理解できたか。
(5) 確率の各種計算ができるか。

章 末 問 題

【1】 つぎのデータは 20 人分の体重測定の結果である。これを用いて度数分布表を完成させよ。ただし，最初の区間下限を 45，区間上限を 50 とすること。

51.38, 69.55, 56.51, 61.65, 70.53, 75.39, 53.82, 77.61, 71.60,
64.32, 63.05, 62.82, 61.97, 65.23, 65.51, 73.26, 80.27, 69.67,
62.90, 71.25

【2】 【1】で作成した度数分布表を相対度数分布表に変換せよ。
【3】 【2】において 45 kg 以上 50 kg 未満の者は全体の何%を占めるか。
【4】 【2】において 55 kg 以上 75 kg 未満の者は全体の何%を占めるか。
【5】 【2】において 50 kg 以上 60 kg 未満の者以外は全体の何%を占めるか。
【6】 【2】で作成した相対度数分布表をヒストグラム化せよ。

3 平均と分散と標準偏差

3.1 図形的に理解する

統計にはいろいろな概念が出てくるが,とどのつまりは平均,分散,そして分散の平方根である標準偏差がすべてだ。まずはこれらについて視覚的に意味を把握しておこう。これが終われば,中心極限定理という本書のキモに入る準備が完了する。

例としてA, B, C, D という4人の体重の棒グラフを見てもらいたい(図3.1)。値はそれぞれ50, 60, 52, 65 kg を示している。まずは平均。いまさらではあるが平均とは

$$平均 = \frac{データの総和}{データの個数} \tag{3.1}$$

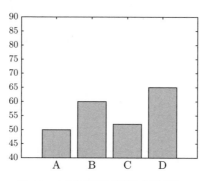

図 3.1 4人の体重を表示した棒グラフ

として定義される。実際の値を代入して計算すれば

$$\frac{50+60+52+65}{4} = 56.75 \tag{3.2}$$

となる。これは図形的にはどのような意味合いがあるのだろうか。

図3.2 は先ほどの図3.1に平均値の高さで横線を引いたものだ。この横線と各データとの隙間（これを**偏差**という）をすべて足すと0になるという驚くべき（別に驚かなくてもよいが）性質がある。**図3.3** に偏差だけを抜き出して表示した。偏差にはプラス・マイナスがあるので，ちょうどプラスの隙間の和とマイナスの隙間の和がつり合うことを意味する。実際の値で確かめてみると

$$(50 - 56.75) + (60 - 56.75) + (52 - 56.75) + (65 - 56.75)$$
$$= (-6.75) + (3.25) + (-4.75) + (8.25)$$
$$= 0 \tag{3.3}$$

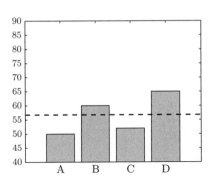

図3.2 図3.1に平均値を明示したもの

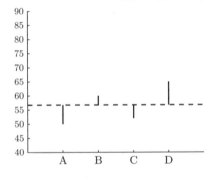

図3.3 図3.2から偏差だけ抜き出したもの。平均値の上方向に伸びた偏差はプラス，下方向に伸びた偏差はマイナスの値を持つ。

と，確かに 0 となる。

　この「つり合う」ということを数式で証明してみる。大した証明ではないので嫌がらないで見てほしい。ちょっとずつ数式を出していくので慣れていただきたい。

　4 人の平均値を $\overline{x}$ と書く[†]。これは 4 個のデータ x_1, x_2, x_3, x_4 を足して 4 で割ったものなので

$$\overline{x} = \frac{x_1 + x_2 + x_3 + x_4}{4} \tag{3.4}$$

と書ける。

　ここで，平均値と各データとの偏差の和を考える。

$$\begin{aligned}
&(x_1 - \overline{x}) + (x_2 - \overline{x}) + (x_3 - \overline{x}) + (x_4 - \overline{x}) \\
&= (x_1 + x_2 + x_3 + x_4) - 4\overline{x} \\
&= (x_1 + x_2 + x_3 + x_4) - 4 \times \frac{(x_1 + x_2 + x_3 + x_4)}{4} \\
&= (x_1 + x_2 + x_3 + x_4) - (x_1 + x_2 + x_3 + x_4) \\
&= 0
\end{aligned} \tag{3.5}$$

見事に 0 になる。

　続いて**分散**の話をする。**図 3.4** を見てみよう。これは二つの 4 人グループの体重を表したもので，平均値は同じだがばらつきが異なっていることが見て取れる。値は (a) のグループが {50, 60, 52, 65} で，(b) のグループが {55.75, 54.75, 57.75, 58.75} となっており，平均値はいずれも 56.75 だ。このばらつき加減を数値化したい。偏差（**図 3.5**）はばらつきの指標になりそうだが，いかんせん先ほど見たように，全部足すと 0 になってしまう。そこで，偏差を 2 乗する。そうすればすべてプラスの値になって，全部足しても 0 にならない。実際の値で計算してみよう。

[†] x の上に横棒を書いて，「エックスバー」と読む。**データ**の平均値はよくこの書き方をする。一方で，母集団の平均値はギリシア語の μ を使って表す。「ミュー」と読む。このような文字の使い分けについては，3.3 節で詳述する。

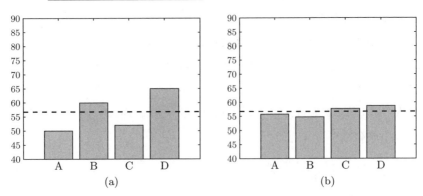

図 3.4 平均値は同じでもばらつきの異なる二つのグループ

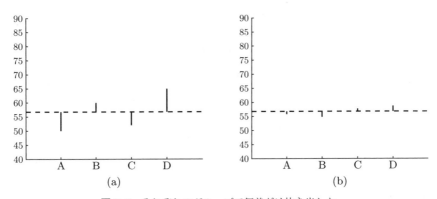

図 3.5 それぞれのグループで偏差だけ抜き出した。

(a) のグループは

$$(50 - 56.75)^2 + (60 - 56.75)^2 + (52 - 56.75)^2 + (65 - 56.75)^2$$
$$= (-6.75)^2 + (3.25)^2 + (-4.75)^2 + (8.25)^2$$
$$= 45.5625 + 10.5625 + 22.5625 + 68.0625$$
$$= 146.75 \tag{3.6}$$

(b) のグループは

$$(55.75 - 56.75)^2 + (54.75 - 56.75)^2 + (57.75 - 56.75)^2$$
$$+ (58.75 - 56.75)^2$$

$$= (-1)^2 + (-2)^2 + (1)^2 + (2)^2$$
$$= 1 + 4 + 1 + 4$$
$$= 10 \qquad (3.7)$$

となる。偏差の2乗和は，確かに(a)のグループのほうが大きい。そろそろ手計算が面倒くさくなってくるころなので，電卓，表計算ソフトを使うべきである。

2乗するということは正方形の面積を作るということだ。そこで，4個分の正方形を作って（**図 3.6**）全部足す（**図 3.7**）。これを**偏差 2 乗和**という。ここでは4個の正方形の合計を，のちのちのストーリーのためうまいこと形を整えて

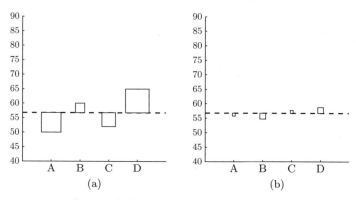

図 3.6 偏差を1辺とした正方形を四つ作る。

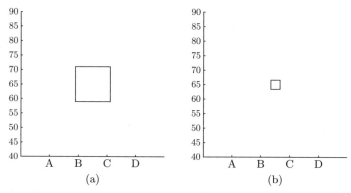

図 3.7 四つの正方形の面積の合計（偏差 2 乗和）になるような，大きい正方形を作る。

大きい正方形にした。

$$偏差2乗和 = (x_1 - \overline{x})^2 + (x_2 - \overline{x})^2 + (x_3 - \overline{x})^2 + (x_4 - \overline{x})^2 \quad (3.8)$$

これは4個の偏差2乗からできた和なので，4で割ってならそう。それを「分散」という。

$$\begin{aligned}分散 &= \frac{偏差2乗和}{データ数} \\ &= \frac{(x_1 - \overline{x})^2 + (x_2 - \overline{x})^2 + (x_3 - \overline{x})^2 + (x_4 - \overline{x})^2}{4}\end{aligned} \quad (3.9)$$

実際の値に当てはめれば，(a) のグループは

$$\frac{146.75}{4} = 36.6875 \quad (3.10)$$

(b) のグループは

$$\frac{10}{4} = 2.5 \quad (3.11)$$

となる。図 **3.8** でいえば，大きい正方形を4等分したもの（網掛けされた小さい正方形）となる。

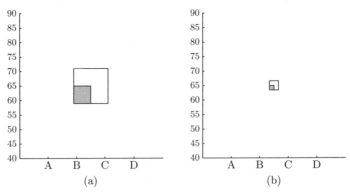

図 **3.8** 大きな正方形を4等分した面積が分散。その1辺の長さが標準偏差。

ということで，(a) のグループと (b) のグループでは確かに分散が異なり，ばらつきが違うことが見てわかる。しかし，2乗するということで，**単位も2乗**となる。い

ま体重の話をしているので，分散は kg^2 となってしまう。たいへん気持ちが悪い。この気持ち悪さをなんとかしたいという思いが，数学を美しく進化させた原動力なのだ。みなさんも，おおいに気持ち悪がってもらいたい。それはともかく，この単位の2乗問題をどうすればよいのだろうか。答えは簡単で，つぎのように平方根（ルート）をとればよい。

$$標準偏差 = \sqrt{分散}$$
$$= \sqrt{\frac{偏差2乗和}{データ数}} \quad (3.12)^{\dagger 1}$$

実際の値に当てはめれば，(a) のグループは

$$\sqrt{36.6875} \simeq 6.06 \quad (3.13)$$

(b) のグループは

$$\sqrt{2.5} \simeq 1.58 \quad (3.14)$$

となる[†2]。

　すなわち，4等分した正方形の1辺の長さを求めればよい。これを**標準偏差**という。なお，受験業界で出てくる「偏差値」という言葉と混同しないように。偏差値は標準偏差から派生した，下位の概念である[†3]。

　さて，標準偏差，これは**2乗が取れて単位がもとに戻っている**ので，最初のグラフに書き込んでもかまわない。すなわち，平均値の周りにだいたいこれだけばらついていますよということを，平均値±標準偏差のように表すことができる。このことは**図3.9**を見ると，直感的に理解できる。この表記方法，たいへん便利とは思いませんか。

[†1] この計算式，覚えてください。なお，$\sqrt{\frac{偏差2乗和}{データ数}}$ であって，$\frac{\sqrt{偏差2乗和}}{データ数}$ ではありません。要注意。
[†2] 記号 "$\simeq$" は「適当な桁で丸めた近似値」という意味である。
[†3] 偏差値の計算については，5章を参照されたい。

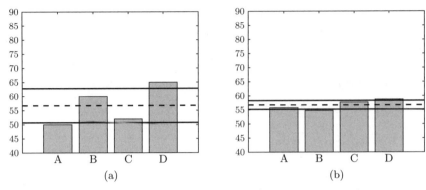

図 3.9 平均（破線）± 標準偏差一つ分（実線）をもとのデータに重ねた。

3.2 なぜ平均，分散，標準偏差が重要なのか

前節で復習した，平均，分散，標準偏差は，記述統計学で学習した読者も多いと思う。なぜこの三つの概念をいまさら，ことさら強調して説明したのか。理由は明快だ。**本書の主役は正規分布であり，正規分布は平均と標準偏差（あるいは標準偏差を 2 乗した分散）で定義される**からである。

$$f(x) = \frac{1}{\sigma\sqrt{2\pi}} \exp\left\{\frac{-(x-\mu)^2}{2\sigma^2}\right\} \tag{3.15}$$

唐突だが，式 (3.15)，これが正規分布の正体である。さぞやなんのことやらチンプンカンプンだと思う[†]。しかし，この式に一つの μ（ミュー）という文字と二つの σ（シグマ）という文字が含まれていることに注目してほしい。それぞれ正規分布の平均値と標準偏差を意味する。なぜ正規分布にそれら二つの要素が出てこなければならないのか。それは，繰り返しになるが，**平均値と標準偏差を決めると正規分布の形が決まるからである**。式 (3.15) 内の，x 以外の数学っぽい文字，すなわち σ, π, μ そして exp はすべて具体的な数値である。π と exp は数学の決まりで，それぞれ 3.1415 …（これはご存じ，円周率）と 2.71828 …

[†] のちほど，このような式に気後れするのがいかにアホらしいか，少しの我慢で読み解くことができることをお見せするので，しばらくお待ちいただきたい。

3.2 なぜ平均，分散，標準偏差が重要なのか

（これが数学感を出す文字 e あるいは exp の正体であり，円周率と同様決まった数値＝定数だ。これについては後述）である。そして，平均値 μ と標準偏差 σ は，あなたが決めてよい数値である。そうすると，あとは，このチンプンカンプンな式の x を決めれば，なにがしかの計算がなされて，$f(x)$ という値が求められる，ということだ。

しかし，正規分布の平均値，標準偏差といわれてもイメージが湧かないことと思う。数式の解説は後回しにして，まずこのことを目視でイメージする。シミュレーションブック【3.2 正規分布と μ と σ】をご覧いただきたい。Excel をお持ちでない読者は，図 3.10 を見ていただきたい。グラフ内に，実線，点線，破線の 3 種類の線で描かれた正規分布がある[†]。実線（Excel 内ではオレンジ色の実線。以下同様）の正規分布が，平均が 0 で標準偏差が 1 という基本中

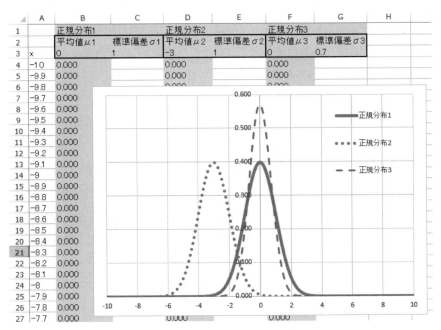

図 3.10 異なる平均値と標準偏差の組合せで定義された三つの正規分布

[†] 本文中では白黒表示のためこの表現をとるが，Excel のグラフではそれぞれオレンジ，緑，青で色分けされている。

3. 平均と分散と標準偏差

の基本の正規分布であり，これを**標準正規分布**と呼ぶ。今後本書のあちこちで顔を出すので覚えてもらいたい。

Excel ファイルを見ればだいたいおわかりかとは思うが

- セル B3 と C3 が正規分布 1 を定義する平均値 μ_1 と標準偏差 σ_1
- セル D3 と E3 が正規分布 2 を定義する平均値 μ_2 と標準偏差 σ_2
- セル F3 と G3 が正規分布 3 を定義する平均値 μ_3 と標準偏差 σ_3

となっている。B 列，D 列，F 列の 4 行目以降に，それらの数値を当てはめた式 (3.15) 内の x に A 列の値を代入して得られた答え $f(x)$ が，ずらっと並んでいる。この値を y 座標にしてグラフを描いているのだ。

では，正規分布 1 の標準偏差はそのままにして，平均値 = 1 以外の数字を，セル D3（すなわち μ_2）に入力してみよう（正規分布 2）。例えば -3 を入れると，点線（緑）の正規分布が実線（オレンジ）の左に出現する。$+4$ を入れると，右側に出現する。このことから，平均値は正規分布の**横方向の位置**を決めているようだ。注意深く横軸の値と突き合わせて見てみると，平均値と分布の中心（頂点からまっすぐ下ろした箇所）が一致していることに気がつくだろう。そのとおり。平均値は頂点の横方向の位置を表している。

今度は正規分布 3（破線，Excel では青線）をいじってみる。平均値は 0 のままでセル G3（すなわち σ_3）に標準偏差として 0.7 を入れてみよう。すると横方向の位置は実線（オレンジ）と同じままで，スリムな正規分布が現れた。では今度は 2 を入れてみよう。今度はずいぶんと，横に広がった破線（青）の正規分布が描かれた。では 5 なら？ もっと横に広がった。ここからわかることは，標準偏差は正規分布の**横方向の広がり**と関連があるということだ。残念ながら，平均値とは異なり，グラフを見ただけでは標準偏差がいくつかわからない。

以上で，正規分布は平均と標準偏差によって決まる，と述べたことに同意していただけるものと思う。また，それらの分布形状に果たす役割（横方向の位置と広がり）についても，現象として理解していただけたものと思う。この点は，次章以降非常に重要な概念となるので，しっかりと覚えていただきたい。

3.3 ギリシア文字表記とアルファベット表記

本章には，二つの平均値の表現方法が登場した．すなわち $\bar{x}$（エックスバー）と μ（ミュー）である．この使い分けをきちんとできないと混乱を招くので，少し寄り道となるが触れておきたい．大事なことはつぎの一点だけである．

> **用語の使い方**
> ギリシア文字は，母集団に関する情報（平均，分散，標準偏差など）を表すときに使う．アルファベットは，標本そのものの情報を表すときに使う．

母集団は基本的に神様しか知らない存在であるから，神様の言葉であるギリシア文字を使って表す．一方で，標本は人間が知り得た存在であるから，人間が作った文字であるアルファベットを使う．データが標本かそうでないかを，表記によって心を込めて使い分けるのである．

多くのギリシア文字は，α（アルファ）が a，β（ベータ）が b といった具合に，アルファベットと対応している．先ほど正規分布の標準偏差を σ と表したが，これもギリシア文字であるから，母集団の標準偏差を意味していることになる．そして，これに対応する標本の標準偏差は，アルファベットの s となる．分散は標準偏差の2乗なので，母集団と標本それぞれの分散は σ^2 および s^2 となる．

読み取る側もこの決まりを利用して，いま母集団の話をしているのか，標本の話をしているのかをつねに意識していただきたい．

3.4 分散には気をつけろ（予告）

本章の冒頭で，図形的に平均，分散，標準偏差の概念を説明した．それなりに納得していただけたと思うがいかがだろうか．ただ，これですめばいいのだが，なかなかそうは問屋がおろさない．平均については，データをすべて足して

データ数で割る，それだけのことである．また，標準偏差は分散の平方根である．これもそのままである．**問題は分散である**．分散には，じつは**母分散と不偏分散**の二つの概念がある†．これらをうまく使い分けないとどうなるか．一般人にとってみれば，**じつは大した影響はない**．数値的な違いは微々たるものだからである．しかし，ここをごまかし続けると，自分の計算結果が，教科書や問題集の解答，あるいは統計ソフトの出力結果と**微妙に異なる**ことになり，これは気持ち悪いことこの上なく，徐々に統計を自信を持って使うことができなくなる．ここが推計統計学の入口における最大級の難所である．

これらを使い分ける必要が出てくるのは，後の**推定**の章以降においてである．そのときにきちんと説明をし直すので，ここでは予告程度に留めておく．なにやら不穏であるが，実体はさほどたいそうなものではない．そのときまでそっとしておこう．

とりあえず，以上で統計で使う最重要指標，平均，分散，標準偏差の3役がそろい踏みをした．ここまで来れば一気に正規分布に攻め込める．それではつぎの章にいきたいと思う．

セルフチェックリスト

(1) 平均，分散，標準偏差の計算ができるか．
(2) 平均，分散，標準偏差を素データの棒グラフの中に書き込むことができるか．

章 末 問 題

【1】三つのデータ $x = \{5, 10, 12\}$ から，偏差，分散，標準偏差などを求めるため，括弧内に数値を埋めよ．

---

† さらにいえば，最尤法による分散，単純標本分散などもある．

	データ	平均	偏差	偏差2乗
x_1	5	9	( )	( )
x_2	10	9	( )	( )
x_3	12	9	( )	( )

合計　　　　= (　　　　)

平均　　　　= (　　　　)

偏差2乗和　= (　　　　)

分散　　　　= (　　　　)

標準偏差　　= (　　　　)

【2】 【1】において，データを棒グラフとして作成し，そこに平均値を書き入れ，さらに，母分散から求めた標準偏差を平均値の上下に重ね書きせよ。

4 中心極限定理と正規分布，およびその計算

4.1 1ミリたりともわからない定理

お待たせした．ようやくこれで本書のキモの話ができる．7ページの会話をもう一度書く．

「ランダムに選んだ4人の体重を測定して，60.1, 59.7, 60.2, 59.9 kg という四つのデータがとれた．つぎにあなたはどうする？」

「そりゃ普通，平均がとりたくなります．(60.1 + 59.7 + 60.2 + 59.9)/4 = 59.975 kg ってね」

身長なり体重なり学力なり，対象の真の平均値が知りたくて，私たちは計測をする．そのとき無性に「大きさ1の標本の計測では不安」になり，「複数の大きさ」の標本抽出を行い，無意識に「平均値」を求めてしまう．この一連の行動は，私たちが無意識に「中心極限定理」を利用していることを表しているとしか思えない．最初に中心極限定理を教科書的に記述する．

定理 4.1

x が平均 μ，標準偏差 σ の任意の分布に従うならば，大きさ n の無作為標本に基づく標本平均は，n が無限に大きくなるとき，平均 μ，標準偏差 $\sigma/\sqrt{n}$ の正規分布に近づく[†]．

[†] 「放課後の数学入門」を一部改変して引用．以下インターネット上の情報を引用した場合はサイト名を記し，URL などは巻末の「参考書籍およびウェブページ」にまとめた．

おそらく常人には1ミリも理解できない文章である†。これをいまからシミュレーションを使って，腹の底から理解する。

では，行こう。

4.2 サイコロを振るということは

突然だが，サイコロを考える。サイコロとは，完全にランダムな，すなわち完全に無秩序な数値を出すための装置だと思ってよい。1章で出てきた，1, 2, 3, 4, 5, 6というラベルを貼られたパチンコ玉をそれぞれ大量に含むガラポン（図1.2 (b)）と同じことである。

まずは至極当たり前に思えることを述べる。しかし，すぐに直感が裏切られる快感が待っているので，**10分我慢してほしい。**

さきのガラポンを一度回す。出てくる数字は1〜6のどれかである。かりに3が出たとしよう。出目表の3のところに，3が1回出たと書こう（**表4.1**）。

表 4.1　サイコロのガラポン結果1回目

出目	1	2	3	4	5	6
出現回数	0	0	1	0	0	0

2回目を回す。今度は5が出た。出目表5のところに5が1回出たと書き込む（**表4.2**）。

表 4.2　サイコロのガラポン結果2回目

出目	1	2	3	4	5	6
出現回数	0	0	1	0	1	0

3回目を回す。あっ，3がまた出た。ということで，さきほどの3のところに書いた1を2に書き換える（**表4.3**）。

---

† だからといって，引用元を非難したいわけではないので誤解しないでください。とても有用なサイトなのです。

34   4. 中心極限定理と正規分布，およびその計算

表 4.3 サイコロのガラポン結果 3 回目

出目	1	2	3	4	5	6
出現回数	0	0	2	0	1	0

小学校の学級委員の投票みたいに，「正」の字を書いていってもいい．ということで，以降 1000 回ぐらい（ようするにたくさん）回す．出目表はどのようになるだろうか．これはおわかりだろう．サイコロを振って，とある目が出る確率は均等に 1/6 なのだから（これは小学生でも知っている），1000 回回せばそれぞれの目の出方は 1000 を 6 で割ったもの，すなわち約 166 になるはずだ．

実際に Excel でシミュレーションし，度数分布表とヒストグラムを作成してみた（度数分布表は，シミュレーションブック【4.2_サイコロ 1000 回】内の

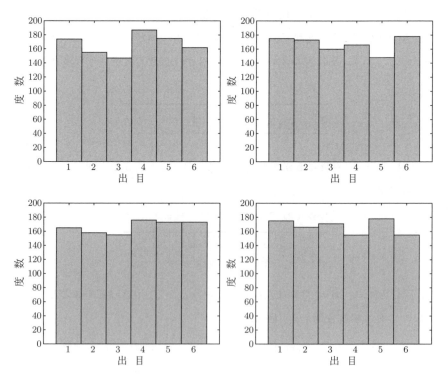

図 4.1 サイコロを 1000 回投げたときの各出目の度数（4 回のシミュレーション）

	A	B	C	D	E	F	G
1							
2	試行数	出目1	目	出現数	相対度数	出目の平均値	3.562
3	1回目	2	1	158	0.158	出目の標準偏差	1.722534
4	2回目	4	2	166	0.166		
5	3回目	1	3	168	0.168		
6	4回目	3	4	155	0.155		
7	5回目	2	5	170	0.17		
8	6回目	4	6	183	0.183		
9	7回目	3					

図 4.2　一つのサイコロを 1000 回投げたときの各出目の出現数と平均値。相対度数はどの目もだいたい同じ数字。

薄いオレンジ色に塗った A 列から G 列を参照)。ヒストグラムの結果を図 4.1 に，度数分布表を図 4.2 に示す。

多くの場合，それぞれの目が 160 回から 170 回ぐらいの範囲で出ることがわかる[†]。この 1000 回ガラポンをするというシミュレーション，何回やってもだいたい同じような結果になることもわかった（F9 キーを押すことで 1000 回のシミュレーションを瞬時にやり直すことができる。F9 キーがどれかわからない読者は付録を参照いただきたい）。

なんのことはない。以上のシミュレーションは，ガラポンの中に入っているパチンコ玉の度数分布を書いたにすぎない。理想的には，ガラポンに入っているパチンコ玉は 1〜6 それぞれ無限個になっているので，あくまで近似だが。

ここまではよろしいね。当たり前の話をした。問題はここからなのだ。

4.3　乱数と乱数の平均は乱数か？：ここがヤマ場

さっきと違って，今度は一度に二つのパチンコ玉が出てくるガラポンを用意して，出てきた二つの数字の平均を記録する，という作業を考える。やってみ

[†] 場合によっては 150 回台，180 回台も出ることがある。

4. 中心極限定理と正規分布，およびその計算

よう。1回目，3と6が出た。平均は4.5だ。4以上5未満の欄に1を書く。2回目，1と2が出た。平均は1.5なので，1以上2未満の欄に1を書く。

さあ，この作業を1000回行うと，二つの数字の平均値はどのような分布になるだろうか？ランダムな数字とランダムな数字の平均値だから，分布はやっぱりランダムになると思うのが人情。ところがこれが違うのだ。やってみよう（もととなる度数分布表は図 4.3，それをヒストグラムにしたものは図 4.4。Excelではシミュレーションブック【4.2_サイコロ1000回】内の，薄い緑色で塗っ

	I	J	K	L	M	N	O	P	Q
1									
2	試行数	出目1	出目2	1と2の平均	目	出現数	相対度数	L列の平均値	3.468
3	1回目	2	4	3	1	25	0.025	L列の標準偏差	1.197042
4	2回目	4	3	3.5	2	153	0.153		
5	3回目	2	1	1.5	3	257	0.257		
6	4回目	3	1	2	4	281	0.281		
7	5回目	4	1	2.5	5	207	0.207		
8	6回目	2	1	1.5	6	77	0.077		
9	7回目	2	4	3					

図 4.3 二つのサイコロの平均値を1000回求めたときの平均値。相対度数は目が3, 4付近で大きく，1や6あたりは小さい。

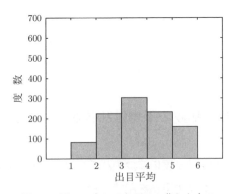

図 4.4 図 4.3 をヒストグラム化したもの

4.3 乱数と乱数の平均は乱数か？：ここがヤマ場

たI列からQ列）。

どうだろう。見事に直感は裏切られた。そして現れたこの分布は，どこかで見た気がする。そう正規分布に似ている。

では念のため，一度に八つのパチンコ玉が出てくるガラポンならどうなるだろう（もととなる度数分布表は図 **4.5**，ヒストグラムは図 **4.6**。Excel ではシミュレーションブック【**4.2_サイコロ 1000 回**】内の，薄い青色に塗られた S 列から AG 列）。

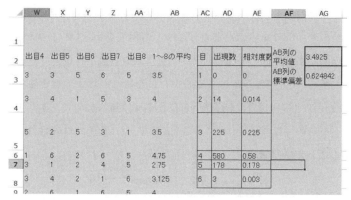

図 **4.5** 八つのサイコロの平均値を 1000 回求めたときの平均値。
1 や 6 あたりの相対度数はほとんど 0。

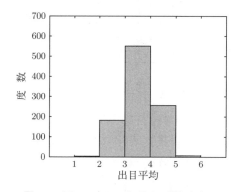

図 **4.6** 図 4.5 をヒストグラム化したもの

ほとんどの平均値は 3〜4 の範囲に収まることがわかる。逆に，平均値が 0〜1 の範囲や 5〜6 の範囲に収まることはほとんどない。**これが本書で伝えたい最も重要な現象である。**

4.4 中心極限定理の「平均」に関する記述を理解する

なぜこのような直感に反すること（乱数と乱数の平均の分布が乱数にならない）が起こったのだろう。じつは，よく考えればわかることなのだ。すなわち，一度に二つのサイコロを投げたとき，二つとも極端な値（1 と 1 とか 6 と 6）になることはあんまりないのではないか？ 逆に二つの数字を足すと真ん中ぐらいの値（最大が $6+6=12$ だから 6 ぐらい）になることはよく起こる話ではないか？ すなわち，平均をとれば 1 とか 6 になる頻度は 0 に近く，3 ぐらいになる頻度が多くなるのではないか？ このことは，二つのサイコロの目の組合せを考えればすぐにわかる（表 4.4）。

表 4.4 二つのサイコロの各組合せの和

		サイコロ 1					
		1	2	3	4	5	6
サイコロ 2	1	2	3	4	5	6	7
	2	3	4	5	6	7	8
	3	4	5	6	7	8	9
	4	5	6	7	8	9	10
	5	6	7	8	9	10	11
	6	7	8	9	10	11	12

全部で 36 通りの組合せのうち

　　　足して 2 になるのは 1 通り。確率でいえば 1/36。

　　　足して 3 になるのは 2 通り。確率でいえば 2/36。

　　　足して 4 になるのは 3 通り。確率でいえば 3/36。

　　　足して 5 になるのは 4 通り。確率でいえば 4/36。

　　　足して 6 になるのは 5 通り。確率でいえば 5/36。

　　　足して 7 になるのは 6 通り。確率でいえば 6/36。

4.4 中心極限定理の「平均」に関する記述を理解する

足して 8 になるのは 5 通り。確率でいえば 5/36。

足して 9 になるのは 4 通り。確率でいえば 4/36。

足して 10 になるのは 3 通り。確率でいえば 3/36。

足して 11 になるのは 2 通り。確率でいえば 2/36。

足して 12 になるのは 1 通り。確率でいえば 1/36。

いかがだろう。「二つのサイコロを振って平均値を求める」という条件になったとたん，これは<u>合計 7 付近が出やすいインチキサイコロ</u>を振らされているのと同じことなのである。では「同時に 8 個のサイコロを振って平均値を求める」という条件なら？ それはもうすべてが 1 になる，あるいは 6 になることなど<u>ほぼあり得なくなってしまう</u>ことは想像に難くない。

ここでもう一度，本書冒頭の会話を思い出してみよう。

「ランダムに選んだ 4 人の体重を測定して，60.1, 59.7, 60.2, 59.9 kg という四つのデータがとれた。つぎにあなたはどうする？」

「そりゃ普通，平均がとりたくなります。(60.1 + 59.7 + 60.2 + 59.9)/4 = 59.975 kg ってね」

体重に関する大きさ 4 の標本を生み出したガラポンの中身（分布）は，神様にしかわからない。しかし，手にした大きさ 4 の標本が極端な値だけで構成されていることは稀だ。したがって，**平均値にしてしまえばありがちな数字になると考えたほうが合理的**。だから

「なんのために測定をして平均値をとったの？」

「そりゃあ，真の平均体重が知りたかったから」

「じゃあ，真の平均体重は 59.975 kg と言えばいいじゃない」

となるのである。

もう少し突っ込んで書けば

「複数の標本の平均値は，正規分布の中から取り出したものと考えてよい」

あるいは

4. 中心極限定理と正規分布，およびその計算

「何度も計測して，標本の平均値をたくさん集め，度数分布を書くと，正規分布になると考えてよい」

ということになる。

疑い深い人は，本章のここまでのストーリーを，ガラポンに1〜6の目が均等に入っていることを前提にしているからではないか，と考えるかもしれない。

これは違うのである。すべての出来事が歪みなく均等に起こる公平なサイコロワールド[†]を用いたときでさえ，そこから抜き出した標本の平均値は正規分布という定められた形を構成するのだから，これはもうガラポンの中身がどのような分布であっても，正規分布になると考えたほうが合理的ではないか。

とはいうものの，自分の目で見ないことには気がすまないという人もいよう。そのような人のために2種類の異なるガラポンを用いて同じ実験をした結果を，図 4.7, 図 4.8 にお見せする。

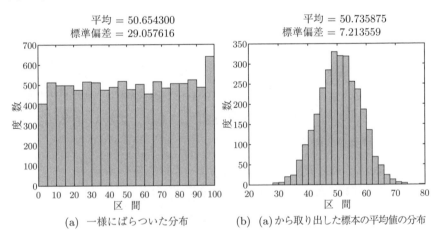

図 4.7 一様にばらついた分布 (a) から取り出した標本の平均値の分布 (b)：その1（標本の大きさ16）

[†] 1〜6 の目が均等に出る，ということ。

4.4 中心極限定理の「平均」に関する記述を理解する

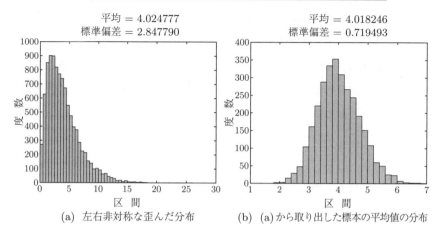

図 **4.8** 左右非対称な歪んだ分布 (a) から取り出した標本の平均値の分布 (b)：その 2（標本の大きさ 16）

いかがだろうか．納得していただけただろうか．

ここで本章の最初に紹介した難解な文章を再掲する．

> x が平均 μ，標準偏差 σ の任意の分布に従うならば，大きさ n の無作為標本に基づく標本平均は，n が無限に大きくなるとき，平均 μ，標準偏差 $\sigma/\sqrt{n}$ の正規分布に近づく．

もはやこの文章のほとんどを理解することができる．標準偏差の記述については次節で解説するのでスキップし，それ以外を箇条書きにしてみる．

(1) x が平均 μ の任意の分布に従うならば，

(2) 大きさ n の無作為標本に基づく標本平均は，

(3) n が無限に大きくなるとき，

(4) 平均 μ の正規分布に近づく．

これをすべてかみ砕いて書き下す．

(1) 「任意の分布」はどのようなヒストグラムを描くかわからないが，これを構成するメンバー x すべての平均値は μ である．

(2) この正体不明の分布から大きさ n の標本を同時に手探りで取り出して平

均値をとる，という作業をする。
(3) 同時に取り出す標本の大きさを大きくすればするほど，
(4) 「同時に取り出した標本の平均値」をたくさん集めてヒストグラムを作ると正規分布を形作る。この「たくさん集まった標本平均」の平均値を求めると，もともとの μ と等しくなる。

平均値うんぬんという部分に引っかかる人がいるかもしれない。サイコロの例で考えよう。そもそもサイコロは 1〜6 の目が均等に出るのだから，サイコロを投げて出る目の平均値は

$$\frac{(1+2+3+4+5+6)}{6} = 3.5 \tag{4.1}$$

と考えてよい。

さきほどの 1000 回シミュレーションを見てもらいたい。まず，図 4.2 では，1000 回投げたときの平均値がセル G2 で求まるようにしてある。だいたい 3.5 あたりの数字になっている。そして，同時に 2 個取り出したときの平均値 1000 個分の平均値が，図 4.3 のセル Q2 列にあるが，この値よりも，同時に 8 個取り出したとき（図 4.5）の平均値 1000 個分の平均値（セル AG2）のほうがもともとの平均値に近くなっていることがわかる。

以上が，本書の，すなわち統計のキモである。なぜ人はデータを集めると平均値をとりたくなるのか。それはデータを生み出したガラポン（専門用語で母集団）の中身は知るよしもないが，データの平均値は正規分布というきれいな形を構成することが保証されているからだ。きれいな形ということは数式で定義されていて，さまざまな計算をすることができて有用であることを意味する。さらにいえば，2 個よりも 4 個，4 個よりも 8 個と同時に計測するデータ数を増やすほどに，極端なデータ「だけ」を抜き出す確率はほとんどなくなり，データの平均値は母集団の平均値，すなわち真の値に近づくことも，私たちは知らず知らずのうちに理解しているのである。

4.5 中心極限定理の「標準偏差」に関する記述を理解する

続いて，前節の最後に述べた，「データ数が増えるほどデータの平均値が真の値に近づくこと」について説明する．なんのことはない．さきほどスキップした中心極限定理の残り半分に関する話なのだ．すなわち

　　　x が平均 μ，**標準偏差 σ** の任意の分布に従うならば（中略）標本平均は平均 μ，**標準偏差 $\sigma/\sqrt{n}$** の正規分布に近づく．

これの意味するところは，先ほどのシミュレーション結果で視覚的に理解できる．ガラポンから玉が1個しか出ない場合，2個の平均をとる場合，8個の平均をとる場合の1000回の分布を見てもらいたい．最初は一様な（度数が均等な）分布だったものが，だんだんとスリムな山に変化している．

標準偏差とは，3章で見たとおり，どれだけデータがばらけているかを表す指標だった．同時に投げるサイコロが1個，2個，8個と増えるに従って，標本平均のばらつきが小さくなっていることになる（図4.9）．すなわち，本当に求めたかった真の平均値に近づくのである．

　　　標準偏差 $\sigma/\sqrt{n}$ の正規分布に近づく．

この文章の n とは，同時に投げるサイコロの数，**すなわち一度の実験で計測する標本の大きさ**を意味している．これが大きくなればなるほど $\sqrt{n}$ は大きくなり，$\sigma/\sqrt{n}$ の値は0に近くなっていくことはおわかりだろう．

ところで，サイコロを一つ投げたときの出目の標準偏差 σ の理論値はいくらだろうか．平均値は先ほど $\mu = 3.5$ と求められた．これを使って

$$\sqrt{\frac{(1-3.5)^2 + (2-3.5)^2 + \cdots + (5-3.5)^2 + (6-3.5)^2}{6}} \simeq 1.71 \tag{4.2}$$

となる[†]．

[†] こういう長ったらしい，同じ数字が規則的に繰り返し出てくる式は，Σ を使うとすっきり書けるのだが，嫌われたくないのでべた書きした．

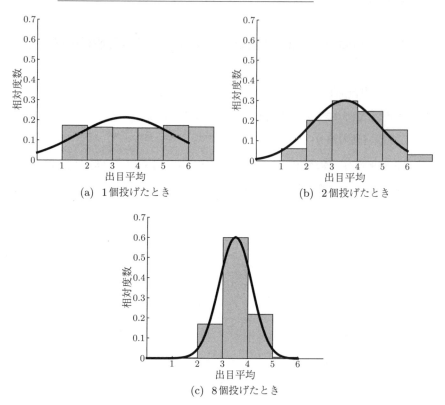

図 4.9 サイコロを同時に 1 個, 2 個, 8 個投げたときの出目平均の分布に理論値を重ね合わせたもの。直感的にぴったり一致しているように見える。これはすごい。

では、中心極限定理に従って、$n = 1, 2, 8$ のときの $\sigma/\sqrt{n}$ を理論的に計算してみると、約 1.71, 1.21, 0.60 とだんだんと小さくなる。これらの値は実験結果セル G3, Q3, AG3（図 4.2, 図 4.3, 図 4.5）と、ほぼ一致している。

n をたくさんとるということは、究極すべてのデータを計測するということになる。当然ながら、これは神様しか知らない真の平均値を誤差ゼロで（すなわち標準偏差 0 で）測定可能になることを意味している。もちろん全データを計測することは不可能だし、実用上はある程度の誤差（正規分布の「横幅」）が含まれるもとでいろいろと計算をしても、そんなには困らない。ともかく、真

の標準偏差 σ と，標本の平均値が作り出す正規分布の標準偏差の関係までもが，中心極限定理によって明らかになっていることに感謝したい。

4.6 理論値との突き合わせ

ということで，その偉大な定理を疑うわけではないが，ここでまとめがてら，検証を行う。シミュレーションブック【4.2_サイコロ 1000 回】の AI 列から AO 列をご覧いただきたい（図 4.10）。

	AH	AI	AJ	AK	AL	AM	AN	AO
1					一度に振ったサイコロの数n(標本の大きさ)	1	2	8
2		理論的な平均値 $\mu=$	3.5		標本平均1000個の平均	3.485	3.493	3.442875
3		理論的な標準偏差 $\sigma=$	1.707825		標本平均1000個の標準偏差	1.693707	1.201205	0.609918
4					中心極限定理によれば標本平均の平均値は μ になるはず	3.5	3.5	3.5
5					中心極限定理によれば標本平均の標準偏差は $\sigma/\sqrt{n}$ になるはず	1.707825	1.207615	0.603807
6								
7								
8					μ と $\sigma/\sqrt{n}$ を使った正規分布の理論値	n=1	n=2	n=8
9					0.000	0.029	0.005	0.000
10					0.100	0.032	0.006	0.000
11					0.200	0.036	0.008	0.000

図 4.10 中心極限定理から理論値を求め，検証する。

(1) 前提：いまサイコロという母集団を考えるわけなので，$\mu = 3.5$, $\sigma \simeq 1.71$ である（AJ2, AJ3）。

(2) 標本の大きさが 2 のとき：2 個のサイコロを同時に投げる。出た目の平均を求める。これをたくさん集めると，平均が $\mu = 3.5$, $\sigma/\sqrt{n} = 1.71/\sqrt{2} \simeq 1.21$ という正規分布になるはずである。確かに計測値 AN2, AN3 と理論値 AN4, AN5 は，それぞれほぼ一致した。

(3) 標本の大きさが 8 のとき：8 個のサイコロを同時に投げる。出た目の平均を求める。これをたくさん集めると、平均が $\mu = 3.5$, $\sigma/\sqrt{n} = 1.71/\sqrt{8} \simeq 0.60$ という正規分布になるはずである。先ほどと同様に確かに計測値 AO2, AO3 と理論値 AO4, AO5 は、それぞれほぼ一致した。

正規分布は μ と σ が与えられれば、グラフ化できるのだった。AL8 以降で、x が 0〜6 のときの正規分布の縦軸の値を理論的に求めてみた[†1]。

図 4.9 は、曲線として理論値を重ねたところを示している。いかがだろう。観察データである棒グラフの特徴を、理論値の曲線がうまく再現していると思いませんか。**拍手ものである。**

ようやくこれで、本書の冒頭から繰り返し示してきた「会話」に対する、答えを示すことができる。

「ランダムに選んだ 4 人の体重を測定して、60.1, 59.7, 60.2, 59.9 kg という四つのデータがとれた。つぎにあなたはどうする？」

「そりゃ普通、平均がとりたくなります。$(60.1 + 59.7 + 60.2 + 59.9)/4 = 59.975$ kg ってね」

「では、その値、59.975 kg にはどんな意味があるの？」

60.1, 59.7, 60.2, 59.9 kg というデータを生み出した母集団はどのような形をしているかはわからない（平均値を μ, 標準偏差を σ とする[†2]）。しかし、この四つのデータを平均化した 59.975 kg という数字は単なる一つの数字 59.975 kg ではない。**59.975 kg は、だいたい 59.975 kg を中心（平均）とし、母集団の標準偏差 σ を $\sqrt{4}$ で割ったもの（$\sigma/\sqrt{4}$）を標準偏差とする正規分布を構成する数字**、と考えるべきなのだ。

[†1] いまはまだセルの内容を見ても意味がわからないと思うが、いましばらく本書を読み進めれば、この理論値も自在に求めることができるようになる。

[†2] 念のため書き添えておくが、母集団がどのような形の分布であろうが、平均値 μ と標準偏差 σ は存在する。逆に μ と σ という字面を見ただけで正規分布だ！と誤解なきよう。

4.7 正規分布の計算：その1

これでようやく正規分布の計算問題に取り組む精神状態になったかと思う。なぜなら，もう何度も述べたように，**計測結果の平均値をたくさん集めると正規分布にしかならない**[†1]ことがわかったからだ。安心して計算に没頭していただきたい。

4.7.1 まずは表を使った手計算

正規分布も分布の一つなのだから，2章で見たヒストグラムで考えるのがよい[†2]。すなわち，正規分布も図 4.11 のような短冊の集合体がもとになっており，この短冊の幅を細かくしていった究極の形が図1の滑らかな山型になるだけのことである。

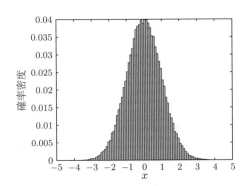

図 4.11　正規分布を短冊の集合体で表現したもの

ここで大事なこと（の一つ）は，ヒストグラムから求めるべき情報は，「ある計測値（横軸）の範囲（体重 50〜75 kg，身長 160〜162.5 cm など）に含まれ

[†1] 若干の微修正がのちほど t 分布のところで入るが，些末な問題である。
[†2] 縦軸の名称が，なにやら難しいものとなっている。いまは気にせず先に進もう。詳細は付録 A.6 節で述べているので，あとで参照していただきたい。

るデータは全体の何%か」，言い換えれば，**実験結果がある計測値の範囲に収まる「確率」はいくらか**ということである．

2章の例題で解いたように，この問題は単に対象となる短冊の面積を求めるだけのことで，じつに簡単なものである．もちろん短冊の幅が太すぎれば，正規分布の理論的な曲線との隙間が大きくなって，求めた面積の精度は悪くなる．しかし，いまはそのことはあまり深く考えずにいよう．

表4.5を見てもらいたい．これは平均が170 cm，標準偏差が5.5 cmになるような正規分布を2 cm刻みの短冊で近似し（単位なんかどうでもいいのだが，イメージしやすいように日本人の身長の分布がたまたまこうなったぐらいに考えてもらいたい），それぞれの短冊の面積を求めたものである．これを使って例題を解いてみよう．すぐあとに解答があるが，まずは自分で計算してもらいたい．

表 4.5 平均170，標準偏差5.5を構成する正規分布の度数分布表

区間	相対度数
153.5 ～ 155.5	0.003
155.5 ～ 157.5	0.007
157.5 ～ 159.5	0.017
159.5 ～ 161.5	0.033
161.5 ～ 163.5	0.058
163.5 ～ 165.5	0.088
165.5 ～ 167.5	0.118
167.5 ～ 169.5	0.139
169.5 ～ 171.5	0.144
171.5 ～ 173.5	0.130
173.5 ～ 175.5	0.104
175.5 ～ 177.5	0.072
177.5 ～ 179.5	0.044
179.5 ～ 181.5	0.024
181.5 ～ 183.5	0.011
183.5 ～ 185.5	0.005
185.5 ～ 187.5	0.002

例題 4.1 日本人の身長は平均が 170 cm, 標準偏差が 5.5 cm の正規分布となることがわかっている（以下 3 題は同じ条件設定）。では，155.5〜161.5 cm の人は全体の何％いるか。

【解答】 $0.007 + 0.017 + 0.033 = 0.057$ だから 5.7 ％。 ◇

例題 4.2 身長が 173.5 cm 以下の人は全体の何％いるか。

【解答】 $0.003+0.007+0.017+0.033+0.058+0.088+0.118+0.139+0.144+0.130 = 0.737$ だから 73.7 ％。 ◇

例題 4.3 身長が 181.5 cm 以上の人は全体の何％いるか。

【解答】 $0.011 + 0.005 + 0.002 = 0.018$ だから 1.8 ％。 ◇

特に難しくはないと思う。一方で，読者の中には，今回はそれぞれの短冊の面積が与えられているので足し算だけで解くことができたが，もし自力で計算するとなるとどうすればよいのかと，不安を感じた人もいるだろう。では，あまりやりたくないかもしれないが，本格的な（？）数学的解法を考えてみよう。

4.7.2 積分で考える

要するにこの問題は「積分」である。平均が 170 cm, 標準偏差が 5.5 cm になるような正規分布を数式で書くとこうなる。

$$f(x) = \frac{1}{5.5\sqrt{2\pi}} \exp\left\{\frac{-(x-170)^2}{2 \cdot 5.5^2}\right\} \tag{4.3}$$

そして，例えば 150〜170 cm 範囲の短冊の面積 P を求めるということは，つぎの式を解くことに相当する。

$$P = \int_{150}^{170} \frac{1}{5.5\sqrt{2\pi}} \exp\left\{\frac{-(x-170)^2}{2 \cdot 5.5^2}\right\} dx \tag{4.4}$$

まったくもってサヨウナラしたい人も多いだろう。しかし，この式は手計算できない人が人類のほとんどを占めるので，こんなところで劣等感を抱くのは無駄というものだ。

ここで少し流れが悪くなるが，簡単な例で積分の数式をグラフと対応づけてつかめるようにしておこう。先ほども述べたが，面積を求めるだけのことである。図 **4.12** を見ていただきたい。図中の点々を打った部分がつぎの式が求めている部分である。

$$P = \int_2^3 x dx \tag{4.5}$$

$$P = \int_2^3 \frac{1}{3}x^2 dx \tag{4.6}$$

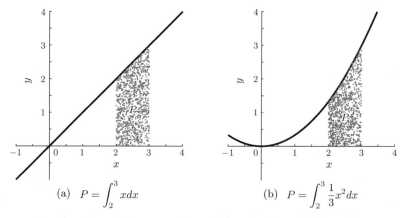

図 **4.12** 点々の領域が占める面積が，積分の式が求めているもの。図 (a) は関数 $y = x$，図 (b) は関数 $y = \frac{1}{3}x^2$ において，どちらも積分区間を $[2, 3]$ としたとき。

すなわち，x 軸と関数 $y = x$，あるいは x 軸と関数 $y = \frac{1}{3}x^2$ に挟まれた部分のうち，$2 \leqq x \leqq 3$ の範囲の面積を求めよう，といっているのである。積分する範囲（これを**積分区間**という）は，$\int$ という記号[†]の右下と右上に小さく書いてある。

[†] 「インテグラル」と読む。

では，先ほどのややこしい式に戻ろう．これも正規分布の関数と x 軸の間にできる領域の面積を求める計算だ．この計算はちょっと厄介だ．昔の統計の本には巻末に数表が載っていて，それを用いて半分手計算していたが，21世紀なので Excel を使うことをお勧めする．統計専用の関数も豊富に用意されているので，必要な情報だけ Excel に与えれば，一瞬で計算してくれる．次項からは，Excel の関数を使うことを前提にして説明を行う．しかし，数表を使おうが，Excel の関数を使おうが，やっていることは先ほどの例題でやったように短冊の面積を足し引きすることである．かつて，どこかのだれかが一所懸命短冊の面積を計算してくれた．その結果が数表となり，統計の教科書の巻末あるいはパソコンの中のどこかに記憶されており，それを利用するのみである．

4.7.3 Excel の関数を使って積分する

正規分布の面積を求める Excel の関数はこれだ．

```
norm.dist
```

「ノーマルディスト」とでも読めばよいかと思う．英語で正規分布を "normal distribution"（ノーマルディストリビューション）というので，それを縮めた関数名になっている．さて，これがどういう関数かというと，任意の正規分布において，$x = -\infty$ から，とある x までを積分区間として面積を求めてくれる（図 4.13）．$-\infty$ ということは，グラフの（山の）左側の裾野をずーっと無限に端まで行ったところだ．

計算を始める前に，正規分布において横軸 x の値とそれに対応する面積の関係を，シミュレーションブック【4.7_正規分布と積分区間と面積】を使ってぜひ体験してほしい（図 4.14）．セル H1 に積分区間の上限 x を適当に入れると，$-\infty$ からその値までを積分区間としたときの面積に相当する箇所に点群が打たれるように作られている†．

---

† 以下，同様のすべての図に共通することだが，点群の密度のばらつきは，あまり気にしないでほしい．シミュレーションブックのデモでは，$[-\infty, x]$ の範囲にかかわらず 500 個の点をばらまくようにしたので，山が高いところでは疎に，低いところでは密にプロットされてしまう，という次第である．

52   4. 中心極限定理と正規分布，およびその計算

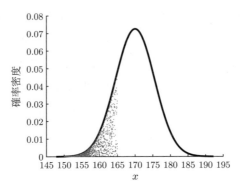

図 4.13 点々が占める領域の面積が norm.dist で求められる。図は $-\infty$ から 165 までを積分区間とした状態。

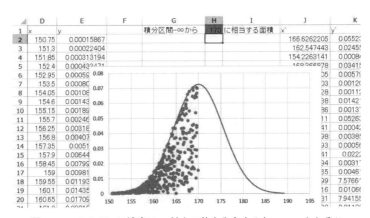

図 4.14 セル H1 に適当に x 軸上の値を入力すると，$-\infty$ からそこまでを積分したときの領域に点群が打たれる。

では，いよいよ norm.dist 関数の使い方を説明する。この関数はつぎの四つの数字を括弧の中に与えることで，正規分布の積分を行う。

すなわち

(1) 括弧内の最初の数字は，求めたい積分区間を定義する上方（右端）の値である。
(2) 括弧内の 2 番目の数字は，任意の正規分布を定義する平均値である。
(3) 括弧内の 3 番目の数字は，任意の正規分布を定義する標準偏差である。

(4) 括弧内の4番目の数字は，Excel の仕様として，なにも考えずに1を指定すればよい[†1]。

面積を求める両端のうち，下方（左端）は $x = -\infty$ で固定されているので，いちいち書かなくてよい。

さっそく例題を解いてみよう。

例題 4.4 平均 $\mu = 170\,\mathrm{cm}$，標準偏差 $\sigma = 5.5\,\mathrm{cm}$ の正規分布において，身長が $173.5\,\mathrm{cm}$ 以下の人は全体の何％いるか。

【解答】

$\quad =$ norm.dist$(173.5, 170, 5.5, 1)$

答えは $0.7377\cdots$ なので，パーセントに直せば $73.77\,\%$[†2]。　　　　　$\diamondsuit$

ところで，積分区間の左端が $x = -\infty$ に固定されていては不自由ではないかと思うかもしれない。つまり，つぎのような問題にどう対応すればよいのだろうか。

例題 4.5 身長が $155.5 \sim 161.5\,\mathrm{cm}$ の人は全体の何％いるか。

勘の良い方はおわかりだと思うが，（$x = -\infty$ から 161.5 までの面積）と（$x = -\infty$ から 155.5 までの面積）の差を求めればよい。すなわち

【解答】

$\quad =$ norm.dist$(161.5, 170, 5.5, 1) -$ norm.dist$(155.5, 170, 5.5, 1)$

である（図 **4.15**，図 **4.16**）。答えは $0.0569\cdots$。パーセントに直せば，$5.69\,\%$。

[†1] 意味もわからず指示に従うのが嫌だという方は付録をご覧ください。
[†2] 以下，有効桁数については，読者の Excel 環境によって表示が異なることにご留意ください。

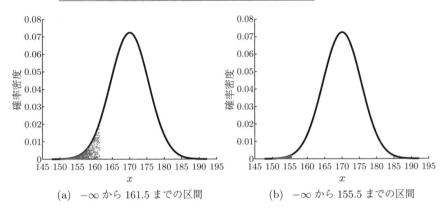

(a) $-\infty$ から 161.5 までの区間   (b) $-\infty$ から 155.5 までの区間

図 4.15 $-\infty$ から 161.5 までの区間と $-\infty$ から 155.5 までの区間

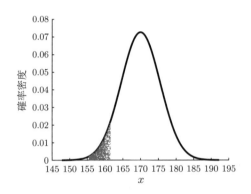

図 4.16 図 4.15 (a), (b) の差分が，例題 4.5 で求める区間

◇

では，つぎはどうする？

例題 4.6 身長が 181.5 cm 以上の人は全体の何%いるか。

これは，積分区間として $x = 181.5$ から $x = +\infty$ までの面積を求めろという問題である。norm.dist はあくまでも $x = -\infty$ からの面積しか求めてくれない。さあどうしよう。ここで使うのは，すべての可能性，つまり $x = -\infty$ か

ら $x = +\infty$ までの積分値，すなわち山型の曲線と x 軸で囲まれた面積全体は **1 になる**という単純な性質である（図 **4.17**）。

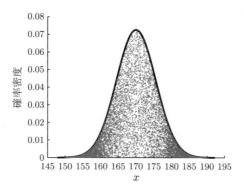

図 4.17 $-\infty < x < +\infty$ の範囲で積分すると，面積は 1 となる。

もうおわかりかと思う。全体の面積 1 から「$x = -\infty$ から 181.5 までの面積」を引けばよい。

【解答】

$$= 1 - \text{norm.dist}(181.5, 170, 5.5, 1)$$

を計算して，答えは $0.0182\cdots$。パーセントに直せば 1.82％。 ◇

Excel で average や sum しか使ったことがない人には，新鮮な経験であったかと思う。これをややこしいとか難しいという言葉で捉えてはいけない。このような工学的，数学的な問題を，適度に手を使って計算することを楽しんでもらいたい。

4.8　正規分布の計算：その 2

本節は前節の逆をする。さきほどは $-\infty$ からとある x までの範囲で，山型の面積を求めた。今回は，**とある面積を持つためには，$-\infty$ からいくつまで積分すればよいか**，という問題を解けるようになる。これで

- 計測値（横軸の値）から面積（確率）
- 面積（確率）から計測値（横軸の値）

という双方向の計算ができることになり，無敵となる。

そのためには，Excel の関数をもう一つ覚えるだけのこと。すなわち

`norm.inv`

を用いる。読み方は「ノルムインバース」。インバースとは「逆」という意味で，`norm.dist` の計算の逆をすることが読み取れる。この関数はつぎの三つの数字を括弧の中に与えることで，面積から積分区間を計算してくれる。

すなわち

(1) 括弧内の最初の数字は，$x = -\infty$ から積分したときの面積 P（すなわち確率）を指定する。
(2) 括弧内の 2 番目の数字は，任意の正規分布を定義する平均値である。
(3) 括弧内の 3 番目の数字は，任意の正規分布を定義する標準偏差である。

これによって，$x = -\infty$ からいくつまでを積分すれば面積 P になるか，がわかる。

では，例題を解いてみよう。すべて平均が $\mu = 170\,\mathrm{cm}$，標準偏差が $\sigma = 5.5\,\mathrm{cm}$ になるような正規分布を想定する。

例題 4.7 $x = -\infty$ からいくつまでを積分すると，面積は 0.3 になるか。

【解答】 これは簡単。
$= \mathtt{norm.inv}(0.3, 170, 5.5)$ から，答えは $167.1157\cdots$。 $\Diamond$

関数の意味するところを日本語に翻訳すると，つぎのようになる。

> 平均が <u>170</u>，標準偏差が <u>5.5</u> の正規分布において，$x = -\infty$ からいくつまで積分すれば，面積が <u>0.3</u> になるか。

例題 4.8 $x = -\infty$ からいくつまでを積分すると，面積は 0.9 になるか。

4.8 正規分布の計算：その 2

【解答】 これも簡単。
= norm.inv(0.9, 170, 5.5) から，答えは 177.0485···。　◇

例題 4.9 上側の裾野の面積が 0.05 となるとき，x を求めよ。

この問題の意味するところをグラフにすると，図 4.18 において点々を打った範囲の面積が 0.05 になる，ということだ。統計ではプラス方向を上側，マイナス方向を下側と呼ぶことがあるので慣れていただきたい。

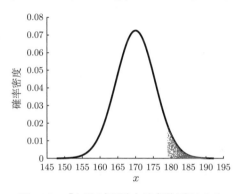

図 4.18　「上側の裾野」とは点群が打たれた領域のこと。「下側」なら左側の裾野である。

norm.inv は norm.dist 同様，「$x = -\infty$ からいくつまで」という考え方なので，少し工夫が必要だ。上側に 0.05 ということは，下側の面積（図 4.18 の白い部分）が $1.0 - 0.05 = 0.95$ ということ。したがって，これは「$x = -\infty$ からいくつまで積分すれば 0.95 になるか」を考える問題なので

【解答】　= norm.inv(0.95, 170, 5.5) から，答えは 179.0466···。　◇

例題 4.10　平均値を中心として全体の 95 % を含む範囲は，何 cm から何 cm か。

これはすなわち図 4.19 の点々部分を与えるような，x の範囲を求める問題となる。少しややこしいパズル程度。

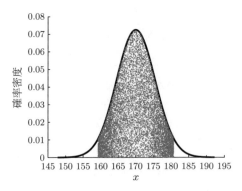

図 4.19 「平均値を中心として，全体の 95 % を含む範囲」の意味

いろんなアプローチの仕方があるけれど，ここでは一例を挙げるに留めておこう．

【解答】 真ん中に 95 % がどっかり座るということは，左右の裾野の面積はそれぞれ

$$\frac{1-0.95}{2} = 0.025$$

ということで，下側の裾野の面積から左側の x を求めると

$$= \mathtt{norm.inv}(0.025, 170, 5.5)$$

となる．右側の x はどうかというと，$-\infty$ からいくつまで積分すると $1 - 0.025 = 0.975$ になるかを考えればよい．したがって

$$= \mathtt{norm.inv}(0.975, 170, 5.5)$$

となる．これで，答えは約 159.22〜180.78 cm ということになる． ◇

セルフチェックリスト

(1) 中心極限定理内の平均値に関するストーリーを Excel ファイルを用いて理解したか．

(2) 中心極限定理内の標準偏差に関するストーリーを Excel ファイルを用いて理解したか．

(3) 正規分布に積分区間を与えて面積を求める `norm.dist` を使いこなせるか。

(4) 正規分布上の面積から積分区間を求める `norm.inv` を使いこなせるか。

章 末 問 題

【1】 正体不明の母集団から $x = \{3, 7\}$ という二つの標本を抽出した。母平均[†]μ はいくらと考えればよいか。

【2】 分布の形状は不明だが母平均 $\mu = 10$，母分散 $\sigma^2 = 16$ である母集団から大きさ 25 の標本を抽出した。この標本はどのような分布をなすと考えればよいか。

【3】 変数 x が正規分布 $N(7, 4^2)$ を構成するとき，つぎの確率を求めよ。

(1) $P(2 \leqq x \leqq 3)$

(2) $P(-1 \leqq x \leqq 1)$

(3) $P(6 \leqq x)$

$N(7, 4^2)$ という記法だが，これは平均値 $\mu = 7$，標準偏差 $\sigma = 4$ という正規分布を考えなさい，ということだ。そして続く x の範囲で積分すれば面積はいくらになるかを計算しなさいという問題となる。P は probability（確率）の頭文字。

【4】 走り幅跳びのテストを受けた総数 200 人の成績が，平均が 5.5 m，標準偏差が 1.2 m の正規分布に従うものとする。この分布を母集団そのものと考え，つぎの問に答えよ。

(1) 成績の良い者から 50 番目の記録は何 m くらいか。

(2) 上位 5%に入るためには，何 m 飛ばないといけないか。

筆者はスポーツにはまったく明るくないので，この数値が現実的なものかどうかはわからない。ご了承ください。それよりも母集団が正規分布であることさえ保証されれば，このような現実的な問題が設定できることに注目していただきたい。

---

† ここまで「母集団の平均値」と書き表してきたが，以降「母平均」と記述する。

5 正規化と標準化とz変換

5.1 標準正規分布

平均値 μ と標準偏差 σ を与えることで，どんな正規分布でも作り出すことができる。そう，この世に正規分布のバリエーションは無限にあるのだ（図 5.1）。

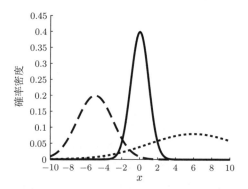

図 5.1 3種類の正規分布関数。実線が標準正規分布（平均 0，標準偏差 1）。

しかし，これらはけっきょく横軸上での平均値（中央値）の位置と，山全体の尖り具合が異なるだけということがわかる。本質を捉えるには，些末な計算にあまり煩わされたくないので，極力シンプルな条件設定をした上でさまざまな性質を調べ，それが一般的な形状でも成り立つことを示せばよい。本章では，正規分布において，シンプルな状態と一般的な形状の関係を学ぶことを目的とする。前章でさまざまな正規分布の計算を学んでお腹いっぱいの状態だろうか

5.1 標準正規分布

ら，これ以上の知識はいらないと思っているかもしれないが，なんとかここは乗り切っていただきたい．というのも，本章のタイトルである「正規化と標準化と z 変換」という概念は統計学では必須のものだからである（**ちなみにこの三つの言葉，すべて同じ意味である．つまり勉強は一度ですむ**）．ということで，なんなら日を改めてお腹をすかせて挑戦してもらってもいい．

実際，やるべきことは単純なことなのだ．本書のこれまでのどこかでちらりと出てきた偏差値の考え方にも関係する．もちろん，このあとの推定などにもおおいに関係してくる．すなわち，こういうことである．正規分布において，分布を構成する個々のデータと平均値の関係に注目する．本書のあちこちで出てきた身長に関する分布，平均が 170 cm，標準偏差が 5.5 cm という正規分布を使って考えてみる．この分布を構成するデータの一つ，177 cm は平均 170 cm より高いわけだが，はたしてずば抜けて高いといえるだろうか．

ここで，**データが「平均から標準偏差何個分離れているか」を考える**．そうすると，式は簡単で

$$\frac{177-170}{5.5} = 1.2727\cdots \tag{5.1}$$

となり標準偏差約 1.27 個分離れていることになる．

では 190 cm はどうだろう．

$$\frac{190-170}{5.5} = 3.6363\cdots \tag{5.2}$$

となり，標準偏差約 3.63 個分離れていることになる．

「それがどうした」といわないでもらいたい．3 章で，標準偏差とは分布を構成するデータのばらつきの指標であることを学んだ．この例ならば，たいていのデータは 170 cm ± 5.5 cm の範囲に含まれているだろうぐらいに思えばいい．そうすると，177 cm は「普通の範囲」からちょっとはずれているといえるし，190 cm は「普通の範囲」から大きくはみ出しているなあといえる．

受験時代に振り回された偏差値とは，まさにこの考え方である．実際の点がたとえ 90 点でも周りがみんな 95 点なら劣等生だし，実際の点がたとえ 60 点

5. 正規化と標準化と z 変換

でも周りがみんな 30 点なら優等生になってしまう。すなわち，実際の点数そのもので優劣を考えるのではなく，平均値と標準偏差の両方を考慮した評価方法が偏差値なのである。だから，偏差値とは単にテストの結果を変換しただけのもので，別に悪者でもなんでもない。むしろ，偏差値という一つの数字で受験生全体の中での位置を指し示すことができる，便利な尺度なのだ[†1]。

ということで，この，個々のデータが平均値から標準偏差何個分離れているか，という計算

$$\frac{データ - 平均値}{標準偏差} \tag{5.3}$$

を正規化，あるいは標準化，もしくは z 変換と呼ぶ。得られた変換値は正規得点，標準得点，z 得点と呼ぶ。これらの呼び名は使用者の所属する学部や学会などの流派によって異なるが，すべて同じことである。本書ではこれ以降，この変換のことを z 変換と呼び，z 変換された値のことを z 得点と呼ぶことにする。

$$z = \frac{データ - 平均値}{標準偏差} \tag{5.4}$$

である。

z 変換の御利益は，実際のデータの値や平均値は扱わず，分布の中でデータが σ 何個分平均値から離れているか，という観点だけで議論できるようにしてくれるところにある[†2]。

もう少し例を通じて，この z 変換のありがたみを理解したい。

さて，とある正規分布を構成するすべてのデータに対して，この z 変換を施してみると，なにが起きるだろうか。シミュレーションブック【5.1 正規化, 標準化, z 変換】を見てほしい。

いま，平均が 170，標準偏差が 5.5 という正規分布を構成する 3000 個のデータがある（図 5.2 (a)）。この 3000 個すべてに対して，z 変換（170 を引いて，

[†1] 偏差値の計算については，本章の式 (5.6) あるいは章末問題で取り上げる。
[†2] 余談ながら，研究者の日常会話の中で，変人のことを「あいつは $2\sigma, 3\sigma$ ずれたやつだ」などということがある。ただでさえ変人が多い研究者の集まりの中で 3σ ずれていたら，世間的にはエライことになる。

5.1 標準正規分布

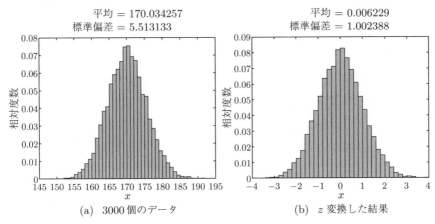

図 5.2 平均 170，標準偏差 5.5 を形作る 3000 個のデータ (a) と，それぞれに対して z 変換を行った結果 (b)。あくまで近似であるので，数値は誤差を含んでいる（各グラフの上部を参照）。

5.5 で割る）を行ってみた。すると，ヒストグラムは，もとのヒストグラムと形はまったく同じだが，度数は 0 付近で最も大きいものとなった（横軸に注目。図 5.2 (b)）。一方，標準偏差はいくつになるだろうか。これはグラフから一目ではわからないので，標準偏差を求める関数[†]を使って求めてみよう。すると，ほぼ 1 となった。F9 を押して何回シミュレーションしても，同様の結果が得られる。

すなわち，z 変換とは，任意の正規分布を構成する素データを，平均が 0，標準偏差が 1 の正規分布を構成するデータに変換することなのである。そして，この変換された正規分布を**標準正規分布**と呼ぶ。標準偏差 σ が 1 ということは横軸の目盛り一つが σ 一つ分ということになり，データの値そのものが平均値からどれだけ離れているかが一目でわかってたいへん都合が良い。

逆もまた真なりである。手もとに標準正規分布を形作るデータがあるならば，これに標準偏差 σ をかけて平均値 μ を足せば（計算の順番に注意！），平均 $= \mu$，

[†] 母集団の標準偏差を求める Excel 関数は `stdev.p` である。使い方は，引数としてデータ範囲を指定する。すなわち，平均値が `=average(I2:I3001)` ならば，標準偏差は `=stdev.p(I2:I3001)` となる。もう一つ `stdev.s` というものもあるが，この使い分けに関しては次章において詳述する。

標準偏差 $= \sigma$ という正規分布に変換することができる．

$$\text{データ} = z \times \text{標準偏差} + \text{平均値} \tag{5.5}$$

ちなみに，偏差値は，各データから平均を引き標準偏差で割り（すなわちいったん z 変換し），それに 10 をかけて 50 を足したものである．こうすることで，あらゆるデータは平均が 50 で標準偏差が 10 の正規分布に変換されることになる．100 点満点のテストならば，中心を 50 に変換するほうが直感に合ってわかりやすいだろう，というわけである．

$$\begin{aligned}\text{偏差値} &= z\,\text{得点} \times 10 + 50 \\ &= \frac{\text{データ} - \text{平均値}}{\text{標準偏差}} \times 10 + 50\end{aligned} \tag{5.6}$$

例題 5.1 平均値 $\mu = 30$，標準偏差 $\sigma = 5$ の正規分布に含まれるデータ $x = 23$ を z 変換せよ．

【解答】 $z = \dfrac{23 - 30}{5} = -1.4$ ◇

あくまでも，データが平均値から標準偏差いくつ分離れているかを計算するので，引き算の順番に注意が必要だ．負値になることを嫌ってはいけない．

例題 5.2 $z = 3$ は，平均値 $\mu = 60$，標準偏差 $\sigma = 2$ の正規分布を構成するデータ x になるように変換するといくらになるか．

【解答】 $x = 3 \times 2 + 60 = 66$ ◇

例題 5.3 テスト結果が平均値 $\mu = 75$ 点，標準偏差 $\sigma = 10$ 点の正規分布を構成するとき，素点 90 点を偏差値に変換せよ．

【解答】 偏差値 $= \dfrac{90 - 75}{10} \times 10 + 50 = 65$ ◇

5.2 標準正規分布の数式を読み解く

では，改めて標準正規分布のグラフを眺めてみよう（図 5.3）。平均が 0 であるから，グラフは横軸の $x = 0$ のところが中心位置となっている。両側の裾野は $x = \pm 3$ ぐらいでほとんど $f(x) = 0$ になっている。

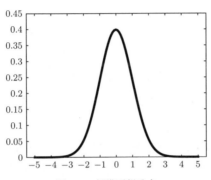

図 5.3　標準正規分布

数式で書けば，このグラフは

$$f(x) = \frac{1}{\sqrt{2\pi}} \exp\left(\frac{-x^2}{2}\right) \tag{5.7}$$

となる。なんとも取っつきにくい式だが，これを読み解いてみる。大丈夫，大丈夫。15 分もあれば理解可能。

右辺冒頭の分数の分母 $\sqrt{2\pi}$ において，π はよくご存じの円周率の π，すなわち 3.1415... である。ということは，$\sqrt{2\pi}$ はだいたい 2.51。ということで 1/2.51 だから，けっきょく $1/\sqrt{2\pi}$ は 0.398...。こんなものちょっとした電卓で，あるいはもちろん Excel でも計算できる。

続く exp，これが強烈に数学ムードを高めているが，心配しなくてもいい。2.718281828... という決まった数（定数）である。**数学に出てくる「定数」は二つしかない。円周率 π とこの exp** だ。exp というと得体が知れないが，じ

つは**ネイピア数**という名前がついている[†1]。名前がわかってちょっとフレンドリーになったかな。この数字のありがたみを話し出すと，本が1冊書けてしまうのでここでは割愛する[†2]。

ともかく，exp(ナントカ) は，2.71828··· を (ナントカ) 乗することを意味する。ええい，もうややこしいので 2.71828··· をほぼ 2 と読み替えようではないか。2 の (ナントカ) 乗なら計算できるね？例えば 2 の 3 乗は 8 だし，2 の 10 乗は 1024 である。

ちなみに，実際の値 2.718··· を 3 乗や 10 乗するなんてどうやって計算するのって思うかもしれないが，ある程度の桁数で丸めてしまって，あとは普通に小学校の筆算でやればよい（例えば $\exp(3) \simeq 2.718^3 = 2.718 \times 2.718 \times 2.718$）。ただ，常軌を逸した集中力と根性が必要になるので，電卓にお任せするとしよう[†3]。

それよりも，先に進んで右辺 exp 後の括弧の中，すなわち $-x^2/2$ を見てみよう。ちょっとややこしい顔をしているので，x を変化させる表を書いて一歩一歩進んでみる。x をこんな感じでマイナス 3 からプラス 3 まで動かす。

$$x = \{-3 \quad -2 \quad -1 \quad 0 \quad +1 \quad +2 \quad +3\}$$

それぞれを 2 乗する。マイナスは全部プラスになるね。

$$x^2 = \{+9 \quad +4 \quad +1 \quad 0 \quad +1 \quad +4 \quad +9\}$$

これを 2 で割る。

$$\frac{x^2}{2} = \{+4.5 \quad +2 \quad +0.5 \quad 0 \quad +0.5 \quad +2 \quad +4.5\}$$

マイナス 1 をかける。

[†1] 「ネイピア数」と名前がついているが，exp はエクスポネンシャル（exponential）から来ている。「指数」という意味である。

[†2] 興味のある読者は，巻末の参考書籍に挙げた吉田武氏の「虚数の情緒」を一読いただきたい。

[†3] 実際にこの 3 乗を手計算してみたら 2 分 50 秒かかった。めちゃくちゃ疲れた。

5.2 標準正規分布の数式を読み解く

$$-\frac{x^2}{2} = \{-4.5 \quad -2 \quad -0.5 \quad 0 \quad -0.5 \quad -2 \quad -4.5\}$$

$2.718^{-x^2/2}$ を求める。

$$2.718^{-x^2/2} = \{0.011 \quad 0.135 \quad 0.607 \quad 1.000 \quad 0.607 \quad 0.135 \quad 0.011\}$$

ここで 2.718 のマイナスナントカ乗とはどういうことか？と困る人がいるかもしれない。例えば 2.718^{-2} を考えてみよう。単なる 2 乗なら，根性で $2.718^2 = 7.387524$ は出るかもしれない。しかし，マイナス 2 乗とは？ これは逆数を求めることを意味している。すなわち $2.718^{-2} = 1/7.387524$ となり，答えはおよそ $0.135\cdots$。

ということで最終的にあの嫌な $f(x)$ を計算してみると（最後に $1/\sqrt{2\pi}$ をかけると）

$$f(x) = \{0.006 \quad 0.076 \quad 0.342 \quad 0.564 \quad 0.342 \quad 0.076 \quad 0.006\}$$

となった。これをグラフにプロットすれば，図 5.4 のように確かに正規分布の形が浮かび上がる。

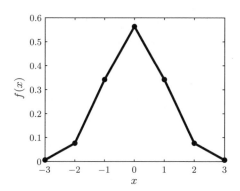

図 5.4　標準正規分布の式を荒っぽく計算した結果

見た瞬間に拒絶したくなる式ではあったが，けっきょく足し算・引き算・かけ算・割り算の集まりでしかない。あとは約束事さえ教えてもらえれば，なん

とか手計算ができることを経験してもらいたかったので，あえて面倒くさいことをやった．もちろん精度の良い計算を大量に手ですることは現実的ではないので，式の意味さえわかれば，あとはコンピュータにやらせるのが合理的．

ところで，このグラフ，x の範囲 $-\infty$ から $+\infty$ で積分すると，すなわち山のような曲線全体と x 軸で囲まれる部分の面積はいくらになるかを考える．式で書けば

$$\int_{-\infty}^{+\infty} f(x)dx = \int_{-\infty}^{+\infty} \frac{1}{\sqrt{2\pi}} \exp\left(\frac{-x^2}{2}\right) dx \tag{5.8}$$

の値はいくらになるか，である．もちろんこんな計算できなくてもよい．結果からいえば，答えは 1 になる．簡単な数字すぎて，なんとなくだまされた感じがするが，世の中そういうものである[†]．

ということで，標準正規分布とは

(1) 左右対称
(2) 中心（平均）が 0
(3) 標準偏差が 1
(4) 面積は 1

という性質を持っている．**0 と 1 しか出てこない，基本中の基本**という感じがするために，<u>標準</u>正規分布という名前がついた次第である．

5.3 $\pm 1\sigma, \pm 2\sigma, \pm 3\sigma$

もう少しこの標準正規分布で勉強を続ける．5.1 節で，実データが平均値から標準偏差何個分離れているか，という考え方を紹介した．これによって，実データの値に惑わされず，それがどれぐらい平均値からかけ離れているか（レ

[†] というか，面積を 1 にするために $\frac{1}{\sqrt{2\pi}}$ をかけているのである．すなわち，$\exp\left(\frac{-x^2}{2}\right)$ の積分値は $\sqrt{2\pi}$ になる．なぜ exp と π が出会うと 1 になるのか気になる読者は，巻末の参考書籍に挙げた一石賢氏の「道具としての統計解析」に証明があるので参照されたい．

アな値か普通の値か）が数字として表されると述べた。

標準正規分布において，平均値（$x=0$）から標準偏差一つ分離れた値とは，取りも直さず $x=+1$ あるいは $x=-1$ ということになる（標準偏差 $\sigma=1$ だから）。これまでにあちこちで直感に訴えてきたように，**標準偏差 ± 一つ分の範囲には，たいていのデータが含まれている**。これをもう少し数学的に考えようというのだ。

すなわち，標準正規分布の平均値 $\mu=0$ を挟んで $x=-1$ から $x=+1$ の範囲の面積はいくらかを考えるわけだ。図で書けば図 **5.5** となるし，式で書けば

$$\int_{-1}^{+1} f(x)dx = \int_{-1}^{+1} \frac{1}{\sqrt{2\pi}}\exp\left(\frac{-x^2}{2}\right)dx \tag{5.9}$$

となる。もうこの積分の式も見慣れたね。例によって，こんな計算は手では求まらない。数表なり Excel なりを用いて求めると，答えは $0.68\cdots$ となる。

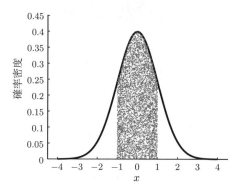

図 **5.5** 標準正規分布で，$x=$ 平均値 $\pm 1\sigma$ の範囲での面積

全体の面積は 1 なので，$x=\pm 1$ の範囲に約 68％のデータが存在することになる。これが「平均値の周り $\pm 1\sigma$ にたいていのデータが含まれている」といったゆえんである。図 5.5 を見ても，まあだいたいメジャーな領域はカバーしているように思える。

では，$\pm 2\sigma$ の範囲にはどれだけのデータが含まれているだろうか。

$$\int_{-2}^{+2} f(x)dx = \int_{-2}^{+2} \frac{1}{\sqrt{2\pi}} \exp\left(\frac{-x^2}{2}\right) dx \tag{5.10}$$

答えは $0.95\cdots$ である。

図 5.6 で見てもわかるように，かなりの領域が含まれてしまう。したがって，逆に「$\pm 2\sigma$ 以上離れたデータ」というのは，左右の裾野に含まれるような，かなり珍しいデータということになる。

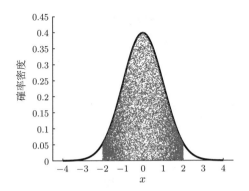

図 5.6 標準正規分布で，$x =$ 平均値 $\pm 2\sigma$ の範囲での面積

ではでは $\pm 3\sigma$ の範囲なら？

$$\int_{-3}^{+3} f(x)dx = \int_{-3}^{+3} \frac{1}{\sqrt{2\pi}} \exp\left(\frac{-x^2}{2}\right) dx \tag{5.11}$$

答えは $0.99\cdots$ である。

もはや山の中がほとんどすべて埋め尽くされた（**図 5.7**）。なので，$\pm 3\sigma$ 以上離れてしまったデータは，滅多にお目にかかれない超レアデータということになる。

統計を用いていると，多くの場面で「95％」という数字が出てくることに今後気づくだろう。よくあることと滅多にないことの境界値としてこれが使われる。本節で見たように，標準正規分布において中央部分約 95％ の領域とは $x = \pm 2\sigma$ の範囲での積分値（面積）に相当する。つまり，基準値を横軸上の値（$x = \pm 2\sigma$）として表現するか，面積（95％）で表現するかというだけの違いである。

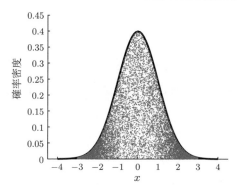

図 5.7 標準正規分布で，$x = $ 平均値 $\pm 3\sigma$ の範囲での面積。「ほとんど」すべての領域に点が打たれていることに注意。逆に，よーく見ると左右の裾野は白いままだ。

例題 5.4 4 章で学んだ Excel の `norm.dist` を使って，標準正規分布における $x = -1$ から $x = +1$ の範囲の積分値を求めよ。

復習だが，`norm.dist(x)` とは積分区間 $[-\infty, x]$ での積分値，すなわち面積を与えてくれる。いま知りたいのは $x = -1$ から $x = +1$ の範囲の面積だ。
【解答】 = `norm.dist(1,0,1,1)` − `norm.dist(-1,0,1,1)` = $0.68269\cdots$ となり，約 68 %。 ◇

例題 5.5 同様に，`norm.dist` を使って $x = -2$ から $x = +2$ の範囲の面積を求めよ。

【解答】 = `norm.dist(2,0,1,1)` − `norm.dist(-2,0,1,1)` = $0.95450\cdots$ となり，約 95 %。 ◇

例題 5.6 `norm.dist` を使って $x = -3$ から $x = +3$ の範囲の面積を求めよ。

【解答】 $= \mathtt{norm.dist}(3,0,1,1) - \mathtt{norm.dist}(-3,0,1,1) = 0.99730\cdots$ となり,約 99％。 ◇

このあたりからやや冗長になってしまうが,いましばらくお付き合いいただきたい。さきほど $\pm 2\sigma$ の範囲で積分をしたときの面積は,もう少し精度良く書けば

$$\int_{-2}^{+2} f(x)dx = \int_{-2}^{+2} \frac{1}{\sqrt{2\pi}} \exp\left(\frac{-x^2}{2}\right) dx = 0.95449974\cdots \quad (5.12)$$

となり,「だいたい 95％」と結論したわけだ。

では,逆に面積を「ぴったり 95％」にするような x 軸の範囲はいくつだろうか。これは面積から x の値を求める問題なので,逆関数を解く問題に相当する。もちろん手計算では無理である。

例題 5.7 `norm.inv` を使って標準正規分布の中央に 95％の面積をとる積分区間を求めよ。

`norm.inv` の使い方は

　　`norm.inv(面積, 平均値, 標準偏差)`

だった。この括弧の中の「面積」は $x = -\infty$ からの面積を意味しているので,中央に 95％をとるということは,下方の(左の)裾野の面積を

$$\frac{(1-0.95)}{2} = 0.025 = 2.5\,\% \quad (5.13)$$

にするということである。

【解答】
$$\mathtt{norm.inv}(0.025, 0, 1) = -1.959963985\cdots \quad (5.14)$$

◇

ぴったり 95％の面積を定義する積分範囲は,$\pm 2\sigma$ ではなく $\pm 1.9599\cdots\sigma$ ということがわかった。したがって,少しでも良い精度で計算をしたいのならば,

1.9599 という数値を覚えておけばよいかと思う†。

以上で本書の目的とした統計のキモ（なぜ人は平均値をとるのか，それは平均値は正規分布を構成するからである，だから正規分布の勉強が必要である）についてはすべて終了した。ここからさきは実践編である。意味さえわかってしまえば，どのような問題でも対応できることを存分に味わっていただきたい。

セルフチェックリスト

(1) 標本の値が母平均から標準偏差いくつ分離れているか，を求めることが z 変換であることを理解したか。

(2) z 変換された値が**標準正規分布**を構成することを理解したか。

(3) 標準正規分布とは平均値が 0，標準偏差が 1 であるような正規分布であることを理解したか。

(4) 標準正規分布の定義式のグラフ化は，じつは手計算でもできることを理解したか。

(5) 記号 exp へのアレルギーは払拭されたか。

章 末 問 題

【1】 ある年代の女性の身長 x は，平均 163 cm，標準偏差 2.5 cm の正規分布をする。つぎの素データを z 変換せよ。
 (1) 180 cm
 (2) 160 cm
 (3) 150 cm
 (4) 130 cm

【2】 ある年代の子供の身長 x は，平均 92 cm，標準偏差 7.5 cm の正規分布をする。つぎの z 変換されたデータを素データに変換せよ。
 (1) $z = 3$

---

† もちろん，計算のたびに Excel の中で `norm.inv(0.025, 0, 1)` と書いてもよい。というか，書くべきである。

(2) $z = 2$
(3) $z = 0$
(4) $z = 1.5$
(5) $z = -0.1$
(6) $z = -0.5$

【3】 日本の家庭の月間支出は，平均 20 万円，標準偏差 2 万円の正規分布に従う。以下の問に答えよ。
(1) 月間支出が 25 万円以上の家庭は何％を占めるか。
(2) 15 万円以下の家庭は何％を占めるか。
(3) A さん宅は月間支出が多いと不満をこぼしている。その A さんの家計よりもさらに月間支出が多い家庭は全体の 10％いるという。では，A さんの月間支出はいくらだろうか。

【4】 「偏差値」は，平均が μ 点，標準偏差が σ 点の正規分布となる試験結果を，平均が 50 点，標準偏差が 10 点の正規分布に変換したときの変数 x の値を示している。例えば，偏差値 70 とはその得点が $\mu + 2\sigma$ に等しいことを表している。
(1) 平均 80 点，標準偏差 12 点の試験において，得点が 50 点のときの偏差値を求めよ。
(2) 偏差値が 70 以上の者は全体の何％いることになるか。
(3) 偏差値が 30 以上 40 以下の者は全体の何％いることになるか。
(4) $\mu = 60$，$\sigma = 5$ のとき偏差値が 70 になるためには，実点数で何点をとる必要があるか。
(5) $\sigma = 20$ の試験で 75 点をとったら偏差値が 60 といわれた。平均点は何点だったのだろう。

6 推定1：母平均を計測結果から幅つきで予想する

6.1 まずはロードマップを

ようやく統計を生活の役に立てられる段階まで到達した。この章が終われば，神様しか知らない「母集団の平均値＝母平均」を「いくらからいくら」という範囲で推定することができるようになっている。

とはいえ，一足飛びに一般的な条件での推定を行う手順だけ覚えても仕方がない。そのため，最初は浮き世離れした条件設定のもとで「母平均の推定」の考え方を学び，回を追うごとに問題の条件設定を緩くしていって，最後にようやく「日常生活」で使えるテクニックを習得する。すなわち，同じような話が形を変えて4回出てくる。

この「4回出てくる話」とは，具体的には，つぎのリストで示される四つの場合分けのことである[†]。また，それぞれにおいて使用する公式もここで示しておく。いずれも母平均 μ を不等式の形，すなわち範囲を示す表現である。答えを求めるという目的を達成するだけならば，この公式の左辺と右辺に問題で与えられた数値を代入するだけのことである。

(1) 母集団が正規分布するとき，かつ母集団の標準偏差 σ がわかっている場合

$$公式：計測値 - 1.96\sigma \leqq \mu \leqq 計測値 + 1.96\sigma \qquad (6.1)$$

[†] なお，いずれも信頼係数は95％としている。信頼係数とは，推定される母平均の範囲の広さを定義する数値である。また，この範囲を「信頼区間」という。そして，「なにに対する割合が95％か」を解説することが，以下の説明の主眼である。

(2) 母集団の分布は不明だが，母集団の標準偏差 σ および標本の大きさ n がわかっている場合

$$公式：計測値 - 1.96\frac{\sigma}{\sqrt{n}} \leqq \mu \leqq 計測値 + 1.96\frac{\sigma}{\sqrt{n}} \qquad (6.2)$$

(3) 母集団は正規分布するが，平均と標準偏差は不明で，標本の大きさ n が 30 未満の場合

$$公式：計測値 - t_{0.025}\frac{u}{\sqrt{n}} \leqq \mu \leqq 計測値 + t_{0.975}\frac{u}{\sqrt{n}} \qquad (6.3)$$

(4) 母集団は正規分布するが，平均と標準偏差は不明で，標本の大きさ n が 30 以上の場合

$$公式：計測値 - 1.96\frac{\sigma}{\sqrt{n}} \leqq \mu \leqq 計測値 + 1.96\frac{\sigma}{\sqrt{n}} \qquad (6.4)$$

注意深い方はおわかりだと思うが，2番目と4番目は式が同じである．したがって，実のところ勉強は3段階ですむ．いまは特に内容を理解する必要はないので，まずは条件設定をぼんやり見てもらえるだろうか．その結果，たいして難しそうな数学的判断をする必要はないと，軽い気持ちで取り組んでもらってかまわない．また，四つの式も見比べてもらいたい．ほとんど同じような式で，微妙に記号が変わっているだけである．すなわち，考え方を大幅に変更する必要がないと考えてもらってかまわない．

それよりも大事なことは，つぎの節で説明する**統計における推定のコンセプト**の十分な理解である．では，始めるとしよう．

6.2 母集団が正規分布するとき，かつ母集団の標準偏差がわかっている場合

6.2.1 「95％信頼区間」とはどういう意味なのか

最初に，最も現実離れした条件設定のもとで，母平均を「幅つき」で推定する．問題はつぎのような文章である．

6.2 母集団が正規分布するとき，かつ母集団の標準偏差がわかっている場合

例題 6.1 ある体重計の計測結果は正規分布することがわかっている。また，その標準偏差は $\sigma = 2\,\mathrm{kg}$ である。ある朝あなたがこの体重計に乗ったところ $59\,\mathrm{kg}$ という表示が出た。あなたの体重測定結果のあらゆる可能性で構成される母集団の平均値，すなわち母平均 μ を 95％信頼係数のもとで推定せよ。

【解答】

　　　上方信頼限界 $= 59 + 1.96 \times 2 = 62.92$
　　　下方信頼限界 $= 59 - 1.96 \times 2 = 55.08$

したがって，$55.08\,\mathrm{kg}$ 以上，$62.92\,\mathrm{kg}$ 以下。　　　　　　　　　　　　◇

計測結果の分布形状も正規分布とわかっているし，その標準偏差 σ もわかっている，という意味で「現実離れ」と表現したが，それはいまは横に置いておこう。

測定器（この場合体重計）が，つねに正しい値をどんぴしゃりと表示するとは限らないことは直感で納得していただけるだろう。とはいえ，そんなにぶれぶれの答えを出しまくる機械なら売り物にはならないはずなので，$59\,\mathrm{kg}$ という結果は「だいたい正解」付近の値であるはずである。この「だいたい正解」の範囲は，いくらからいくらかを考えようというわけだ。

よくある誤解は，この問題文にある「信頼係数 95％のもとで母平均 μ を推定せよ」を読んで，「**母平均 μ が 95％の確率で存在するような範囲を求めよ**」と解釈することである。**母平均はこの世にただ一つしかない**。そんなものが確率的にふらふらしてもらっては困ります。では，いったいこの文章はなにをいわんとしているのだろうか。禅問答の様相を呈してきたが，ここはひとつ踏ん張ってみたい。

問題によれば，その体重計の計測結果は正規分布するのだという。

これの意味するところは，あなたの体重をこの体重計で何万，何億回も計測すると，計測結果がすべて一致するということはなく微妙にばらつくが，何万

回,何億回もの計測結果をヒストグラムにすると母平均を中心とする正規分布を描くということだ。

さて,この体重計に1回乗るということは,あなたの体重測定結果のあらゆる可能性が構成する正規分布から,一つの標本をガラポンシステムで抜き出す,ということにほかならない。

とすると

(1) ほとんどの場合,計測結果は母平均の近所から取り出されるだろう。したがって,計測結果 ±2σ という範囲に母平均は含まれるだろう。

(2) なぜなら,計測結果に近い母平均 ±2σ の範囲には,約95%というほとんどのデータが含まれるからだ。

(3) しかし,ごくごくたまに,変な計測結果を,正規分布の端っこのエリアから取り出すかもしれない。とすると,それに ±2σ の幅をつけても,母平均を含まないだろう。

ということで,計測を100回行い,100個の計測値それぞれに ±2σ の羽を生やし,その範囲に母平均が含まれるかどうかを確認すれば,100回中95回は含まれるだろう,そして5回は外れるだろう,というのが95%信頼区間の意味である。

本当だろうか。シミュレーションで確かめてみる。

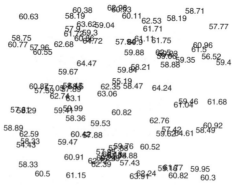

図 6.1 $\mu = 60$, $\sigma = 2$ の正規分布を形作るようなデータ100個がガラポンの中に散らばっているイメージ

6.2 母集団が正規分布するとき，かつ母集団の標準偏差がわかっている場合

まずは平均値が 60 kg，標準偏差が 2 kg の正規分布を形作るようなデータを100 個作ってみる（図 6.1）。図ではあえて 100 個のデータをばらまいてプロットしてみた。ガラポンの中にはこのようにさまざまな値が散在している，というイメージだ。

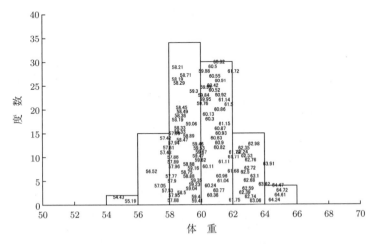

図 6.2　100 個のデータを度数分布で表現したもの

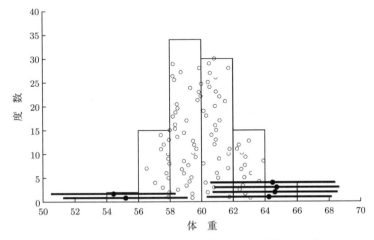

図 6.3　100 個のデータそれぞれに $\pm 2\sigma$ の羽を生やしたとき，母平均 60 kg を含まないデータ点を黒丸で，羽を横線で示した。

これを，度数分布として構成し直せば，図6.2のように整然とした正規分布となる。なお，棒グラフの中に書き込まれた素データは，横方向にずれている。これはデータの値そのものを，文字列の左端のx座標としてプロットしているためだ。

ではいよいよ，さきほどの説明のように「100個の計測値それぞれに$\pm 2\sigma$（すなわち$\pm 4\,\mathrm{kg}$）の羽を生やし，その範囲に母平均（$60\,\mathrm{kg}$）が含まれるかどうかを確認」してみる。すると，この例では6個のデータに生やされた羽が，母平均$60\,\mathrm{kg}$を含まないことがわかった（図6.3の黒丸）。反対に，残りの94個のデータはそれを含むことがわかった（図6.3の白丸）。すなわち，確かに全体の約5％が$60\,\mathrm{kg}$を含まず，残りの約95％は含んだわけである。したがって，ガラポンによって一つの体重データを抽出した場合，それに$\pm 2\sigma$の羽を生やしてその範囲に母平均が存在する，と主張したとき，それが当たる確率は95％となる。

お断りしておくが，この100個のデータ，作為的に作成したものではない。プログラムによってランダムに作成したものである。例によって，読者が自ら疑惑を払拭するために，Excelを使って同様の結果になることを確かめられるようにした。ヒストグラムにデータ点および羽を重ね書きすることは，Excelではなかなか実現できないので，さきほどの図とは少々趣が異なる表現となることはご容赦いただきたい。

補題 6.1

　Excelを用いたシミュレーションの詳細を以下に解説する（シミュレーションブック【6.2_区間推定のキモ】，図6.4，図6.5）。

(1)　B1，B2には，母平均を$60\,\mathrm{kg}$，母集団の標準偏差を$2\,\mathrm{kg}$として入力した。

(2)　信頼係数はB3で95％とした。これに応じて，`norm.inv`により両裾に2.5％を残すときのxの値が，B4とB5に自動的に出るようにしてある。

(3)　D列には，平均値60，標準偏差2の正規分布を構成するようなデータ

6.2 母集団が正規分布するとき，かつ母集団の標準偏差がわかっている場合

	A	B	C	D	E	F	G	H	I
1	母平均	60.00	計測回数	計測値	計測値-2σ	計測値$+2\sigma$	判定	○の数	95
2	標準偏差	2.00	1	59.2380	55.3181	63.1579	○	×の数	5
3	信頼係数	95.00	2	57.8087	53.8887	61.7286	○		
4	$-Z$	-1.959964	3	61.5475	57.6275	65.4674	○	的中確率	95.00
5	$+Z$	1.959964	4	64.2404	60.3204	68.1603	×		
6			5	59.5771	55.6572	63.4970	○		
7			6	59.9769	56.0570	63.8968	○		
8			7	59.1782	55.2582	63.0981	○		
9			8	59.9091	55.9891	63.8290	○		
10			9	62.5743	58.6544	66.4942	○		
11			10	58.8978	54.9779	62.8178	○		
12			11	59.7871	55.8672	63.7071	○		
13			12	58.9194	54.9995	62.8394	○		
14			13	61.5340	57.6141	65.4539	○		
15			14	60.8310	56.9111	64.7509	○		
16			15	60.7701	56.8502	64.6901	○		
17			16	58.7148	54.7949	62.6348	○		
18			17	57.2411	53.3212	61.1610	○		

図 **6.4** 計測値 $\pm 1.96\sigma$ は，100 回中真の値を何回含むか。

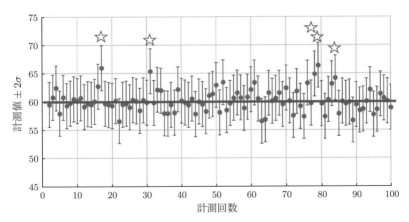

図 **6.5** 計測値 $\pm 1.96\sigma$ は，100 回中母平均を何回含み，何回含まないか。
星印をつけたデータ点 $\pm 2\sigma$ の範囲と母平均（太線）の関係に注目。

を 100 個作成した[†]。だいたい 60 付近の数値が出やすそうだが，たまに小さすぎる値や大きすぎる値も出ているようだ。

(4) さて，この D 列のデータ一つひとつに標準偏差およそ ± 1.96 個分の幅をつける。それが E 列と F 列だ。

(5) この範囲に母平均 60 kg が含まれるかどうかの判定結果が G 列であ

[†] どうやってこんなことができるのかは，余裕のあるときに付録をご覧ください。今後さまざまな場面でこの手法によってシミュレーション用のデータを作り出します。

る。含まれれば ○，外せば × を表示するようにしてあり，× のセルはピンク色に塗った。

(6) ○ と × の数を数えて I 列に表示してある。また，的中確率[†1]としてセル I4 に，○ の数 ÷ 100 × 100 を計算した[†2]。図 6.5 では，母平均 60 kg を横線とし，100 個のデータ点に ±2σ の羽を生やした。わかりやすくするために，60 kg を含まないデータ点には ☆ 印をつけた。

さあ，どうだろうか。何度か F9 を押して確かめてみてほしい。何回やってもおおよそ 95％という結果になったのではないだろうか。**ここは割と感動するところ。**

6.2.2 問題の機械的な解き方

さて，この問題，もう少し定式化して，機械的に解けるようにしておこう。このパターンの問題では，計測値と σ が数値として与えられる。あとは μ を範囲つきで求めればよい。

先ほど見たように，「95％信頼区間のもとで母平均 μ を推定する」という行為の意味は，計測結果に $\pm 2\sigma$（正確には $\pm 1.959963985\cdots\sigma$）の羽を生やした範囲を答えることで，100 回中 95 回は母平均を含むことに成功する，というものだった。

したがって，解法としては

$$\text{計測値} - 1.96\sigma \leqq \mu \leqq \text{計測値} + 1.96\sigma \tag{6.5}$$

に計測値と σ を代入し，不等式の形で μ を求めるだけのことである。

6.2.3 z 変換との関係

このように区間推定に答えること自体は，問題で与えられた数値を不等式に

[†1] 推定における「的中確率」という概念は，筆者は小島 (2007) において初めて触れた。まさに的中した表現だと思う。
[†2] パーセントにするために 100 をかけている。

6.2 母集団が正規分布するとき,かつ母集団の標準偏差がわかっている場合　　83

代入するだけのことだ.しかし,もう一歩進んで,ここでは区間推定,z 変換,統計量という言葉の関係について整理しておきたい.

　正規分布から取り出されたデータ x と母平均 μ の「位置関係」は,その差を母集団の標準偏差 σ で割ることによって,標準偏差いくつ分平均値から離れているか,という尺度で考えると都合が良い.

　この手続き

$$z = \frac{x - \mu}{\sigma} \tag{6.6}$$

を正規化,標準化,z 変換と呼ぶことは 5 章で見たとおりである.

　そして,これによって,いかなる正規分布から取り出したデータであろうとも,平均が 0,標準偏差が 1 というシンプルな正規分布,すなわち標準正規分布の構成員として変換されるのだった.このように,特徴的な分布を構成するメンバーになるようにデータを変換した値のことを**統計量**という.教科書的に書けば,つぎのとおりである.

定義 6.1

　任意の正規分布 $N(\mu, \sigma^2)$ に含まれるデータ x を変換したつぎの統計量 z は,標準正規分布 $N(0,1)$ に従う.

$$z = \frac{x - \mu}{\sigma} \tag{6.7}$$

　さて,標準正規分布において,中央部分に 95 % の面積を占めるような積分区間は,$[-1.96, +1.96]$ だった (4 章).すなわち $z = \pm 1.96$ である.区間推定の不等式は,まさにこの値を得るように μ を設定する問題となる.本章冒頭の例題 6.1 ならば

$$-1.96 \leqq \frac{59 - \mu}{2} \leqq 1.96 \tag{6.8}$$

となる.たいして難しくもないので,これを解いてみよう.

全体に 2 をかけて

$$-1.96 \times 2 \leqq 59 - \mu \leqq 1.96 \times 2 \tag{6.9}$$

とし，59 を移項して

$$-59 - 1.96 \times 2 \leqq -\mu \leqq -59 + 1.96 \times 2 \tag{6.10}$$

とする。全体に -1 をかけて

$$59 + 1.96 \times 2 \geqq \mu \geqq 59 - 1.96 \times 2 \tag{6.11}$$

とし，左右をひっくり返せば

$$59 - 1.96 \times 2 \leqq \mu \leqq 59 + 1.96 \times 2 \tag{6.12}$$

と，さきほどの不等式 (6.5) が現れる。

6.3 母集団の分布は不明だが，母集団の標準偏差がわかっている場合

ここが，本書の，というか区間推定学習時の最難関ポイントである。なぜ統計量を求める式に $\sqrt{標本の大きさ}$ が含まれるのか。前節の問題との違いを読み解き，自信を持って $\sqrt{標本の大きさ}$ を含んだ式を扱えるように，以下をお読みいただきたい。

6.3.1 信頼区間を求める問題

前節よりも制限事項を 1 段階緩めた問題設定である。すなわち，母集団が正規分布するかどうかは不明であり，しかし，母集団の標準偏差 σ はわかっている。このような状況下での問題例は以下のとおり。

例題 6.2 全国の中学生を対象に数学テストを実施した結果，標準偏差 σ は 5 点であることがわかっている。テスト結果からランダムに 20 人の答案

を集め平均値をとったところ，75 点だった．このとき，母平均 μ の 95％信頼区間を求めよ．

母集団となる全国の中学生のテスト結果がどのような分布になるかは，問題に書いていない．しかし，σ はわかっている．

使用する式は以下のとおり．95％の信頼係数ならば，やはり判定基準は ± 1.96 であり

$$計測値 - 1.96 \frac{\sigma}{\sqrt{標本の大きさ\, n}} \leq \mu \leq 計測値 + 1.96 \frac{\sigma}{\sqrt{標本の大きさ\, n}} \tag{6.13}$$

である．この形の問題は，次節と同様によく出される．なぜなら，使用する数式の一部に，わけのわからない（ように初学者には思える）計算，すなわち $\sqrt{標本の大きさ}$ が含まれているからだ．まずは解き方から見てみる．

【解答】　この問題に出てくる数字を当てはめれば

$$75 - 1.96 \frac{5}{\sqrt{20}} \leq \mu \leq 75 + 1.96 \frac{5}{\sqrt{20}} \tag{6.14}$$

となる．

したがって，答えは「**μ の信頼係数 95％での信頼区間は，72.81 点以上，77.19 点以下**」． ◇

さて，やり方としてはほとんど前節と同じように見えるが，すっきりしないのは $\sigma = 5$ を $\sqrt{標本の大きさ}$ で割っているところだと思う．ここが難関である．突然だが，4 章で説明した中心極限定理を覚えておられるだろうか．

「ランダムに選んだ 4 人の体重を測定して，60.1, 59.7, 60.2, 59.9 kg という四つのデータがとれた．つぎにあなたはどうする？」

「そりゃ普通，平均がとりたくなります．$(60.1 + 59.7 + 60.2 + 59.9)/4 = 59.975$ kg ってね」

「では，その値，59.975 kg にはどんな意味があるの？」

これに対する答えを再掲する．60.1, 59.7, 60.2, 59.9 kg という標本を生み出した母集団はどのような形をしているかはわからない（平均値を μ，標準偏差

を σ とする)．しかし，この四つの標本を平均化した 59.975 という数字は，単なる一つの数字 59.975 ではない．中心極限定理に従えば，59.975 をだいたい中心（平均）とし，**母集団の標準偏差 σ を $\sqrt{4}$ で割ったもの ($\sigma/\sqrt{4}$) を標準偏差とする正規分布**から取り出された数字 59.975，と考えるべきなのだ．

この説明文が，そっくりそのまま本節の内容と一致する．すなわち

(1) 標準偏差 $\sigma = 5$ ということ以外どのような分布かはわからないが，そこから大きさ 20 の標本がとれた．

(2) 本能のおもむくまま大きさ 20 の標本の平均値を求めたら，75 点だった．

(3) この 75 点という数字は，「75 点近辺の値を平均値（中心）とし，母集団の標準偏差 $\sigma = 5$ を $\sqrt{20}$ で割ったもの ($= 5/\sqrt{20}$) を標準偏差とする正規分布」から取り出された数字 75 点と考えるべきである．

もしここがすんなり飲み込めなければ，4 章に戻ってもらいたい．そして，ガラポンのストーリーを Excel のシミュレーションとともにいま一度読み返すことが必要だ．

もしこれがすんなり飲み込めれば，あとは前節と同じロジックが使える．すなわち，計測値に±標準偏差約二つ分の羽を生やして，「この範囲に母平均 μ がありますよ」という主張を 100 個の計測値それぞれに対して行えば，95 回は本当に μ を含むことになるだろう（= 100 回中 95 回はそんな計測値が得られるだろう），というロジックだ．

これを式で表せば

$$75 - 1.96 \frac{5}{\sqrt{20}} \leqq \mu \leqq 75 + 1.96 \frac{5}{\sqrt{20}} \tag{6.15}$$

につながるのである．

ターゲットにすべき平均値 75 点が所属する分布は，もともとの全国中学生データではなく

- 「大きさ 20 の標本の平均値」をたくさん集めてできる正規分布に所属すること
- そして，この正規分布は平均が μ，標準偏差が $\sigma/\sqrt{20}$ であること

6.3 母集団の分布は不明だが，母集団の標準偏差がわかっている場合

に気づく必要があるのだ。いかがだろうか。

前節と同様に，統計量との関係でこのことを整理しておこう。すなわち，標本の平均値 $\bar{x}$ を正規化（z 変換）し，標準正規分布を構成する値に変換するならば

$$z = \frac{\bar{x} - \mu}{\sigma} \tag{6.16}$$

ではなく

$$z = \frac{\bar{x} - \mu}{\sigma/\sqrt{n}} \tag{6.17}$$

を使う。

定義の形でまとめておこう。

定義 6.2

平均が μ，分散が σ^2 である任意の分布から取り出した大きさ n の標本の平均値 $\bar{x}$ を変換したつぎの統計量 z は，標準正規分布 $N(0,1)$ に従う。

$$z = \frac{\bar{x} - \mu}{\sigma/\sqrt{n}} \tag{6.18}$$

6.3.2 標本の大きさを求める問題

前項において，推定する範囲の式が

$$計測値 - 1.96\frac{\sigma}{\sqrt{標本の大きさ\, n}} \leqq \mu \leqq 計測値 + 1.96\frac{\sigma}{\sqrt{標本の大きさ\, n}} \tag{6.19}$$

と，一見ややこしくなった。単に $\sqrt{標本の大きさ\, n}$ という要因が増えただけなのだが…。しかし，**問題を出す側からすると，これは非常に好都合**で，未知数が増えたことによって作ることのできる問題のバリエーションが増えたのである。

どういうことかというと，こんな問題である。

88　　6. 推定1：母平均を計測結果から幅つきで予想する

例題 6.3　工場で生産された缶ジュースの重さを検査する。無作為に抽出した標本調査の結果，この製品の重さには約 5g の標準偏差があることがわかっている。信頼度 95％で誤差の範囲を 1g 以内で推定するには，標本の大きさを何個にすればよいか。

そもそも問題文の意味もよくわからないし，先ほどの正規化の式において関連する変数は四つもあるのに[†1]，この問題には $\sigma = 5\mathrm{g}$ と誤差範囲 $= 1\mathrm{g}$ の二つの情報しかない。解けるわけがない，とあきらめる前に少し考えてみよう。

いままで専門用語を避けてきたが，推定される母平均 μ の範囲の小さいほうを**下方信頼限界**，大きいほうを**上方信頼限界**という。

さて，この問題でいう「誤差の範囲を 1g 以内にせよ」は，なにを意味しているのだろうか。すなわち，これは上方信頼限界と平均値 μ の差，あるいは下限と平均 μ の差をそれぞれ 1g にせよといっているのである[†2]。

すなわち，上方信頼限界と下方信頼限界の差を 1×2 で 2g にせよ，といっているのである。

$$1 \times 2 = 上方信頼限界 - 下方信頼限界 \tag{6.20}$$

となるわけだ。そして，問題は「標本の大きさ」を求めなさいといっているので，$\sqrt{標本の大きさ}$ における「標本の大きさ」を求めることになるのだ。

明示されている情報は母集団の標準偏差 $\sigma = 5$ だけだが，腹をくくって標本の大きさ n を求めることに挑戦する。

【解答】　上方信頼限界と下方信頼限界を並べてみよう。

$$\left.\begin{array}{l} 上方信頼限界 = 計測値 + 1.96 \times \dfrac{5}{\sqrt{n}} \\ 下方信頼限界 = 計測値 - 1.96 \times \dfrac{5}{\sqrt{n}} \end{array}\right\} \tag{6.21}$$

[†1]　$\mu, \sigma, n, \bar{x}$ の四つである。
[†2]　「誤差」というのは上方信頼限界と下方信頼限界の差で，それが 1g になるのではないのかと思うかもしれない。しかし，筆者の読んだ統計の書籍では，すべて誤差の扱いは上方信頼限界と μ，下方信頼限界と μ の差であった。慣例だと思うので従っておこう。

となる。

この上方信頼限界と下方信頼限界の範囲すなわち差が2になるというのだから，上から下を引いてみよう。すると，幸運にも「計測値」が打ち消し合う。

$$上方信頼限界 - 下方信頼限界 = 2 \times 1.96 \times \frac{5}{\sqrt{n}}$$

つまり

$$2 = 2 \times 1.96 \times \frac{5}{\sqrt{n}}$$

である。なんか解けそうな雰囲気になってきた。分母をはらって，両辺2で割って

$$\sqrt{n} = 1.96 \times 5$$

とし，ルートをとるために両辺2乗すると

$$n = 96.04 \cdots \tag{6.22}$$

となる。

すなわち，小数点以下を切り上げて97個抽出すれば十分であることになる[†1]。

上方・下方信頼限界を求めることに飽きてきた出題者は必ずこの問題を出すので，注意しよう[†2]。

6.4 母集団は正規分布するが，平均と標準偏差は不明で，標本の大きさ30未満の場合

6.4.1 t 分布と不偏分散の登場

いよいよ，最も現実的な条件設定のもとで区間推定をする段階に到達した。ただし，母集団は正規分布すると仮定する。また，「標本の大きさが30未満」というのは，標本の大きさが小さいことを意味する。

[†1] 切り下げて96にすると，95%の精度にごくわずかに届かない。
[†2] もっとも，点数稼ぎのための対処法を学んだという観点だけではなく，誤差範囲を満たすために必要な標本の大きさを求めることができるようになった，とポジティブに捉えることも大切だ。

6. 推定1：母平均を計測結果から幅つきで予想する

本章冒頭のロードマップに従えば，今回使用する式は

$$計測値 - t_{0.025}\frac{u}{\sqrt{n}} \leqq \mu \leqq 計測値 + t_{0.975}\frac{u}{\sqrt{n}} \tag{6.23}$$

である。

新しい記号として，$t_{0.025}, t_{0.975}$ が出てきた。この t とは，はたしてなんであろうか？ 答えは標本の平均値が正規分布ではなく **t 分布**を構成するデータになる，ということだ。t 分布を使った計算は，標準正規分布に比べて若干扱いがややこしい部分があるが，区間推定をする計算手順はこれまでと同様であるので，心配しなくてよい。

そしてもう一点，見慣れぬ記号 u（アルファベットのユー）が分子にある。母平均 μ（ギリシア文字のミュー）とは違う。これが3章で予告した，本書のもう一人の主役（それも悪役）といってもいい，**不偏分散** u^2 の平方根である。幾多の初学者が推計統計の森で迷子になる原因となる概念である。

そこで，推定の話をいったん離れ，この不偏分散，そして t 分布について説明を行う。ストーリーとしてはつぎのような骨組みだ。

（a）不偏分散のストーリー

(1) 母集団は正規分布すると仮定する。母平均は μ であり，母集団の分散（＝母分散）は σ^2 である。しかし，これらの値は不明である。

(2) ここから小さな標本を取り出した。

(3) さて，取り出した小さな標本から，分散を3章で学んだ方法[†]で求めた場合，それに母分散の代役が務まるだろうか。

(4) これが，務まらないのである。実際よりも小さな値になってしまう。

(5) そこで，<u>ある補正</u>を行って，母分散の代役に仕立て上げる。これが**不偏分散**である（この「補正」，たいした計算ではない）。

（b）t 分布のストーリー

(1) 母集団は正規分布すると仮定する。母平均は μ であり，母集団の標準偏差は σ である。しかし，これらの値は不明である。

[†] 偏差2乗和を標本の大きさ n で割る。

(2) ここから小さな標本を取り出した。σ さえわかれば，ここまでのロジックで推定ができるのに …。
(3) そこで，さきほどの母分散の代役である不偏分散（の平方根である標準偏差）を用いて，計測値 $\pm 1.96 \times$ 標準偏差 を計算すれば，推定ができるのではないか。
(4) これが，できないのである。
(5) なぜなら，小さな標本の平均値をたくさん集めても，正規分布にならず，t 分布を形作るからだ。

6.4.2 不偏分散の定義

不変ではない。普遍でもない。不偏分散である。すなわち，**偏らない，ぶれない分散**という意味だ。英語でも unbiased variance と名づけられている。そこでこの頭文字をとって u^2 と表記した[†]。

まずは，母集団の分散（これ以降，母分散と呼ぶ）σ^2 と不偏分散 u^2 の定義を述べてしまおう。ほんの小さな違いである。

定義 6.3

$$\text{母分散 } \sigma^2 = \frac{\text{母集団データの偏差 2 乗和}}{\text{母集団データの総数}}$$

定義 6.4

$$\text{不偏分散 } u^2 = \frac{\text{標本の偏差 2 乗和}}{\text{標本の大きさ} - 1}$$

すなわち，データ総数を n とすれば，n で割るか $n-1$ で割るかだけの違いなのである。**小さな標本から母分散を推定するためには，従来どおり偏差 2 乗和を n で割ってはいけない。$n-1$ で割らなければならない。**これが不偏分散

[†] 教科書によっては s^2 と表記することも多い。非常に混乱する。学会的に統一した見解をぜひとも持ってもらいたいものだ。

の役どころである。本当にそうかどうかは,いまから目視する。その前にまずは例題で,母分散と不偏分散を実際に計算しておこう。

例題 6.4 つぎのデータセット x を母集団そのものと考え,母分散を求めよ。

$$x = \{5, 8, 10, 15\}$$

【解答】 母平均 μ は

$$\frac{5 + 8 + 10 + 15}{4} = 9.5$$

である。

したがって,母分散 σ^2 は

$$\frac{(5-9.5)^2 + (8-9.5)^2 + (10-9.5)^2 + (15-9.5)^2}{4} = 13.25$$

となる。　　　　　　　　　　　　　　　　　　　　　　　　　◇

例題 6.5 先のデータセット x を母集団から抽出された四つの標本と考え,不偏分散を求めよ。

【解答】 標本平均 $\bar{x}$ は

$$\frac{5 + 8 + 10 + 15}{4} = 9.5$$

である。

したがって不偏分散 u^2 は

$$\frac{(5-9.5)^2 + (8-9.5)^2 + (10-9.5)^2 + (15-9.5)^2}{4-1} \simeq 17.667$$

となる。　　　　　　　　　　　　　　　　　　　　　　　　　

6.4.3 不偏分散のシミュレーションによる理解

まず,つぎのような場面設定を行う。

(1) 成人日本人の身長は母平均 $\mu = 170$,母分散 $\sigma^2 = 5.5^2 = 30.25$ となる正規分布を構成する,とする。

6.4 母集団は正規分布するが，平均と標準偏差は不明で，標本の大きさ 30 未満の場合

(2) ここから大きさ 3 の標本を取り出す．

(3) この作業を 1000 回繰り返す．

まずは，図 **6.6** をご覧あれ（Excel をお持ちの方は，シミュレーションブック【**6.4.3_不偏分散のシミュレーション**】を参照）．

標本	x1	x2	x3	xbar	単純分散	不偏分散
1	172.41	171.65	169.77	171.28	1.23	1.85
2	168.30	176.27	178.96	174.51	20.48	30.71
3	170.29	169.34	164.75	168.13	5.84	8.76
4	174.38	169.74	175.73	173.28	6.56	9.85
5	174.40	165.39	177.52	172.44	26.42	39.63
6	173.97	165.87	160.73	166.86	29.69	44.54
7	169.48	169.66	168.99	169.38	0.08	0.12
8	168.89	165.46	172.88	169.08	9.21	13.82
9	183.71	171.73	173.17	176.21	28.55	42.82
10	171.58	163.32	174.39	169.76	22.09	33.13

図 **6.6** 母平均 $\mu = 170$，母分散 $\sigma^2 = 30.25$ の正規分布から大きさ 3 の標本を抽出する．

標本 1 では，172.41, 171.65, 169.77 という三つの標本がとれている．標本の平均は $\bar{x} = 171.28$ である．偏差 2 乗和を標本の大きさ（いまの場合 3）で割る従来どおりの求め方（ここでは単純分散と表記している）で分散を求めると

$$\frac{(172.41 - 171.28)^2 + (171.65 - 171.28)^2 + (169.77 - 171.28)^2}{3} \simeq 1.23$$

となる．

一方で，定義どおり，標本の大きさ -1（いまの場合 2）で偏差 2 乗和を割る不偏分散ならば

$$\frac{(172.41 - 171.28)^2 + (171.65 - 171.28)^2 + (169.77 - 171.28)^2}{3 - 1} \simeq 1.85$$

となる．

当然，3 で割るより 2 で割るほうが結果は 1.5 倍大きい．これが先ほど述べた**補正**である．たかだか三つという標本の大きさでは，母集団のきっちりとした縮小コピーになっているとはいいがたく，単純な分散をもってして母分散と言い切るには危険だ．だから少し多めに見積もっておこう，というわけである．

ここで疑問は，単純な分散が母分散よりなぜ必ず小さくなるのか，である。はたしてこれは事実か，目視する。

図 6.6 に戻る。標本 1 ではたまたま単純な分散と不偏分散が 1.23 あるいは 1.85 になるような三つのデータだった。ではもっと標本数を増やしてみよう。図 6.6 では標本数は 10 までしか示していないが，この下に 1000 組分の標本が並んでいると考えてもらいたい。そして，それぞれの標本に対して単純分散と不偏分散を求めた。1000 個分の単純分散と不偏分散が得られたので，この平均値を求めてみる。1000 回も実験をしたので平均値をとれば，もともとのパラメータの良い推定ができるはずである。

図 **6.7** がその結果である。ついでに，$\bar{x}$ の 1000 個分の平均値も求めてみた。母平均は $\mu = 170$ で設定したのだった。すばらしい。標本平均を 1000 個集めたとき，その平均はほぼぴったり 170 になっている。中心極限定理は確かなものだ。では，単純分散と不偏分散，どちらの平均値が母分散 $\sigma^2 = 30.25$ に近かったか。一目瞭然不偏分散のほうが真値に近い。一方で単純分散はかなり小さい値をとっている。

:3	xbar	単純分散	不偏分散	1000個分のxbarの平均値	169.9939
9.77	171.28	1.23	1.85	1000個分の単純分散の平均値	21.18912
3.96	174.51	20.48	30.71	1000個分の不偏分散の平均値	31.78367
4.75	168.13	5.84	8.76		
5.73	173.28	6.56	9.85		
7.52	172.44	26.42	39.63		
1.73	166.86	29.69	44.54		

図 **6.7** 1000 個分の $\bar{x}$，単純分散，不偏分散の平均値を求めた。

ということで，標本の単純な分散では過小評価してしまうために（すなわち真値から**偏ってしまう**ために），補正を行うことで偏らない（すなわち**不偏な**）分散が得られることが，事実として確かめられた[†]。

[†] もちろん，これはたまたまではない。何回シミュレーションを繰り返しても，この性質は変わらない。

6.4.4　不偏分散 u^2 の平方根は何者か

ここで，さらに学習者を迷わせる話をしておきたい。この項の話まで押さえておけば，推計統計学の基本はほぼ完璧である。さほど複雑な話ではないのだが，初学者にとってはあまりにもどうでもいい（と思われるような）話なので，面倒くさければスキップしてもらってかまわない。

不偏分散 u^2 の平方根は何者だろうか。当然ながら

$$u = \sqrt{u^2} \tag{6.24}$$

であるが，これをなんと呼び，どのように扱おうか。

まず呼び名だが，「σ^2 が母分散，それの平方根 σ が（母）標準偏差」に従えば，「u^2 が不偏分散，それの平方根 u が不偏標準偏差」といいたくなる。実際そのような教科書，ウェブサイトは存在する。別に呼び名など気にせず，正しく使えればそれでいいとも思うが，意味合いとして間違って伝わることはよろしくない。すなわち，「不偏標準偏差 u」という記述を，**標準偏差の不偏推定量として使用することは誤り**である。

標準偏差の不偏推定量はつぎの式で定義され，D と表記される[†]。

定義 6.5

$$標準偏差の不偏推定量\ D = \sqrt{\frac{標本の偏差2乗和}{標本の総数 - 1.5}} \tag{6.25}$$

---

1 を引くか，1.5 を引くか，まさに普通の感覚からすると尋常ではないこだわりぶりである。しかし，より高い精度を追求する姿勢は尊敬するべきだ。筆者はこれに関しても不偏分散と同様の手順でシミュレーションを行って確かめた。すなわち，u と D どちらが母集団の標準偏差をより良く推定するか，確かめたのである。結果はもちろん D であった。もはやこれに関してはシミュレー

[†] ただし，この定義式は近似式である。

ションブックも図も提供しないので，興味のある方はぜひチャレンジしてみてほしい。

それはともかく，結論として，不偏分散 u^2 の平方根 u の呼び名は，**不偏分散の平方根**というそのまんまの名称のほうが無難であると筆者は考えるし，以下でもそのように呼ぶ。

補題 6.2

ここでは，Excel の関数を使って，標本の分散，標準偏差を計算することを解説する。やはり Excel の操作においても，データが母集団そのものなのか，母集団から抽出された標本であるのかを，関数の名前によって明示し，計算方法を使い分ける必要がある。例によって，Excel を利用する必要のない方は読み飛ばしてくださって結構だ。

（a）分　　散　先ほどの議論と同様に，Excel での分散を求める関数は一つではない。var.p と var.s の二つがある。分散を英語でいうと variance（バリアンス）なので，最初の 3 文字は var となっている。問題はその後ろの .p と .s である。

var.p と var.s の使い分け方を，データが母集団かどうかという問題と対応づければこうなる。

(1) var.p：対象となる標本が母集団そのもの を示すとき，その分散 σ^2 を求めるためには var.p を使う（偏差 2 乗和を標本の大きさ n で割る）。

(2) var.s：対象となる標本が母集団の一部（標本）であるとき，不偏分散 u^2 を求めるには var.s を使う（偏差 2 乗和を標本の大きさ n から 1 を引いた $(n-1)$ で割る）。

標本そのものの単純な分散というのは計算式上は母分散と同じなので，Excel でそれを求めたければ var.p を使えばよい。

そもそも p と s にどのような意味があるのか，と気持ちの悪い読者もい

ることだと思う。答えを書く。pは母集団の英語"population"のpである。したがって，pのついた関数は，データを母集団そのものと見なしたときの統計量を計算するもの，と考えればよい。sはサンプル(sample)のsである。すなわち，データをサンプル(標本)として扱うときの計算に関するものである。納得していただけただろうか。

(b) 標 準 偏 差 　標準偏差は分散の平方根をとったものである。したがって，sqrt(var.p) あるいは sqrt(var.s) と書いてもかまわないが[†]，直接求めるというのであれば，stdev.p あるいは stdev.s でも求めることができる。標準(standard)偏差(deviation)ということで stdev である。「スタンダードデビエーション」と読む。すでに2種類の表記，stdev.p と stdev.s を使っているが，これはさきほどの分散と同じ考え方である。すなわち，以下のように使い分けなければいけない。

(1) stdev.p：対象となるデータが母集団そのものを示すとき，その標準偏差を求めるには stdev.p を使う。

(2) stdev.s：対象となるデータが母集団の一部(標本)であるとき，不偏分散の平方根を求めるには stdev.s を使う。

ちなみに，先ほど触れた**標準偏差の不偏推定量** D については，Excel 関数は存在しない。

6.4.5 　t 分布の導入とシミュレーション

先に進もう。ようやく新しい分布 t 分布の話ができる。
6.4.1項の「t 分布のストーリー」で見たように，手もとに小さな標本しかない場合，不偏分散の平方根 u を使って z 変換に相当する計算

[†] 平方根を求める Excel 関数は sqrt である。=sqrt(4) と入力すれば 2 が，=sqrt(25) ならば 5 が，それぞれ求められる。覚え方というか語源は square root の頭文字である。平方(square, スクエア)根(root, ルート)というわけだ。

6. 推定1:母平均を計測結果から幅つきで予想する

$$\frac{計測値 - 母平均\mu}{u/\sqrt{標本の大きさ}} \tag{6.26}$$

を行っても標準正規分布にはならない。この統計量は t 分布をなす。

定義 6.6

任意の正規分布 $N(\mu, \sigma^2)$ から取り出した大きさ n の標本の平均値 $\bar{x}$ を変換したつぎの統計量 t は,t 分布に従う。

$$t = \frac{\bar{x} - \mu}{u/\sqrt{n}} \tag{6.27}$$

ただし,n は 30 未満であり,u は標本から求めた不偏分散の平方根である。

まずはこれを目視する。シミュレーションブック【6.4.5_t 分布のシミュレーション】をご覧いただきたい(図 6.8)。つぎのような構成になっている。

	A	B	C	D	E	F	G	H	I	J
1	μ	170.000	n	標本1	標本2	標本3	標本4	四つの平均x	四つの標準偏差u	uを用いた標準化
2	σ	5.500	観察1	171.553	173.025	173.411	170.182	172.043	1.477	2.767
3			観察2	168.553	174.213	170.459	169.988	170.803	2.413	0.665
4			観察3	176.270	169.691	157.237	167.236	167.609	7.896	-0.606
5			観察4	170.150	163.999	160.143	175.928	167.555	6.938	-0.705
6			観察5	163.469	164.858	159.373	165.329	163.257	2.707	-4.981
7			観察6	169.399	176.198	166.709	173.415	171.430	4.207	0.680
8			観察7	177.188	168.037	164.288	168.902	169.604	5.439	-0.146
9			観察8	176.845	168.914	166.309	175.215	171.821	5.020	0.726
10			観察9	163.057	180.659	167.331	171.275	170.580	7.510	0.155
11			観察10	166.494	150.473	167.466	167.808	163.060	8.410	-1.650
12			観察11	167.898	176.593	159.820	168.514	168.206	6.852	-0.524
13			観察12	170.844	165.551	170.449	166.074	168.229	2.804	-1.263
14			観察13	161.502	160.803	160.783	169.813	163.225	4.404	-3.076
15			観察14	177.942	170.376	169.748	171.026	172.273	3.815	1.192
16			観察15	172.293	156.489	173.317	165.813	166.978	7.742	-0.781
17			観察16	159.025	163.027	171.643	173.432	166.782	6.883	-0.935
18			観察17	174.183	166.163	167.715	160.600	167.165	5.588	-1.015

図 6.8 大きさ 4 の標本(自由度 3)の場合の標本平均の分布を求める。

6.4 母集団は正規分布するが，平均と標準偏差は不明で，標本の大きさ 30 未満の場合

(1) 前提：母平均 $\mu = 170$，母標準偏差 $\sigma = 5.5$ という正規分布を考え（いつもどおり成人日本人の身長の分布ぐらいに考えてほしい），ここから標本を取り出すことを考える。

(2) D2 から G2：いま，そこから四つの標本を得る。全成人日本人から 4 人を選び出し身長を測った，というイメージだ[†]。

(3) 3 行目以降 5001 行目まで：4 人の身長を測る，という観察を 5000 回行った，というイメージ。

(4) H 列：各観察における四つの標本の平均値を求めた。

(5) I 列：各観察における四つの標本の標準偏差を求めた。これは先ほど説明した不偏分散の平方根である。

(6) J 列：t 値への変換式 $t = \dfrac{\overline{x} - \mu}{u/\sqrt{n}}$ に標本平均，母平均，不偏分散の平方根，標本の大きさを代入し，計算した。

これで準備完了である。5000 個の t 値が求められたことになる。これをヒストグラム化したものが**図 6.9** であり，これが t 分布の正体である。けっきょく，正規分布に似た山型の分布となる。ただし，**正規分布に比べて微妙にべたっと**

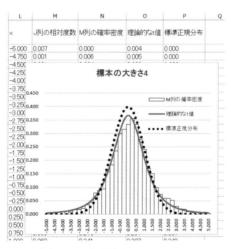

図 6.9 大きさ 4 の標本を用いたシミュレーション

[†] 任意の正規分布を構成するようなランダムデータの作り方は付録を参照。

広がった形状であり，以下の手順でそれが見て取れる。

(7) L列： x は±5の範囲で，0.25刻みの度数分布化を行った。
(8) M列：度数分布を求め，標本数5000で割って相対度数化した。
(9) N列：M列の値を確率密度に変換した[†]。
(10) O列： t 分布の定義式（後述）から得た t 分布の理論値。
(11) P列：標準正規分布における理論値を求めた。

そして，観察結果を棒グラフに， t 分布の理論値を実線に，標準正規分布の理論値を点線にして，一つのグラフに重ね合わせた。

いかがだろうか。

標準正規分布（点線）は平均値周辺では観測値を超え，裾野の部分では観測値よりも小さい。一方で， t 分布の理論値は，なだらかな裾野に至るまで，まんべんなくヒストグラムにフィットしている。**理論が現実となり，じつに気持ちがよい。**

同様の作業を大きさ8の標本に対して行ったのが，**図 6.10** である。こちら

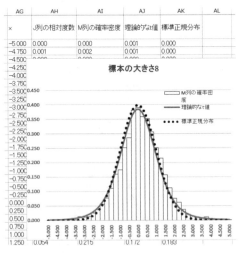

図 6.10　大きさ8の標本を用いたシミュレーション

[†] 意味合いは付録を参照。いまはこの部分を読み飛ばしていただいて結構です。

6.4 母集団は正規分布するが，平均と標準偏差は不明で，標本の大きさ30未満の場合

も先ほどと同様に，t 分布の理論値のほうがフィッティングが良い。しかし，正規分布との差が小さくなっているように見える。そう，標本の大きさが大きくなるにつれて，t 分布と正規分布は一致するのである。

したがって，t 分布は標本の大きさに依存して，その分布形状を変えることになる。この分布形状に影響を与える標本の大きさのことを**自由度**（degree of freedom; df）と呼ぶ。

自由度とは

$$df = 標本の大きさ - 1 \tag{6.28}$$

として定義され，t 分布に必須のパラメータとなる。

標本の大きさが 8 のときでさえかなり正規分布に近づいたわけで，このあと標本の大きさが 20, 30, $\cdots$ と増えていけば，どんどん正規分布と見分けがつかなくなることは予想に難くない。t 分布の利用に際して標本の大きさが 30 未満という条件を設定した理由はそこにある。

6.4.6　t 分布の数式表現

正規分布の数式は，見慣れない記号で構成された嫌な式だった。しかし，少しずつ読み解けば，けっして理解不可能なものではなかった。それでは t 分布はどうだろう。形としては正規分布と同じ山型なのだから，大して違いはないのかもしれない。一般的な公式を書いてみる。

$$f(t) = \frac{\Gamma((\nu+1)/2)}{\sqrt{\nu\pi}\Gamma(\nu/2)}(1+t^2/\nu)^{-(\nu+1)/2} \tag{6.29}$$

……（°Д°）。ちょっと正規分布が読み解けたぐらいで，調子に乗りすぎたかもしれない。頭がくらくらするような式である。

いや，ここでぐっと踏ん張ってみたい。まずギリシア文字 ν だが，これは「ニュー」と読む。アルファベットで n に相当する。そして，これは自由度を表している。すなわち，標本の大きさ -1 だ。とすると，これはまったく手強くない。問題は Γ である。これは「ガンマ」と読む。アルファベットで G に相当

する。これは相当手強そうな印象がある。なんせ字面が斧のような形だ。いやそんなことはどうでもよろしい。こいつの正体は，階乗†を拡張した計算方法をパッケージ化したもの，すなわちある特定の計算をする関数である。もはや意味はわからなくてもかまわないが，こんな計算をする関数だ。

$$\Gamma(t) = \int_0^\infty x^{t-1} e^{-x} dx \tag{6.30}$$

よくわからないけれど，なにか積分をしているようだ（広義積分という）。

さすがに，ただちにいまこの数学的バックボーンを深掘りしても実りはなさそうなので，これ以上は触れない。それよりも本当に計算できるのかどうか，Excel の関数（gamma ってのがあるんです）を使って確かめてみた。

シミュレーションブック【6.4.6_ガンマ関数と t 分布】を見てほしい（図 6.11）。A 列に，横軸 t の値を -5 から $+5$ の範囲で入力した。B, C, D 列の 2 行目には 3 種類の自由度を入れられるようにした。恐ろしげな式だが，けっきょく t の値と，自由度の値の二つを使って，あとはガンマ関数とやらが計算してくれ

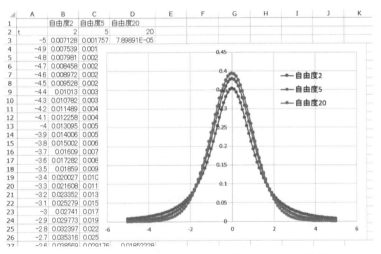

図 6.11　t 分布を式から求めてみた（自由度 2, 5, 20 の場合）。

---

† 例えば 3 の階乗なら $3! = 3 \times 2 \times 1 = 6$ だったり，5 の階乗なら $5! = 5 \times 4 \times 3 \times 2 \times 1 = 120$ だったりという，演算子！を用いた計算。計算結果がびっくりするぐらい大きくなるから "!" という記号を使う…，というのは冗談です。

る。複雑きわまりないが，がんばって数式を手で打ってみた。そして，グラフを書くと，確かに t 分布が現れた。いまは自由度をいろいろ変えてみて分布形状の変化を観察することで満足するとしよう。

補題 6.3

Excel においてガンマ関数の値を求めたければ，単に =gamma( ) と入力し括弧の中に数値を入れるだけでよい。

6.4.7 t 分布を使った区間推定

ようやくこれで区間推定に戻ることができる。例題はこんな感じだ。

例題 6.6 同一メーカーの同一型番であるチョコレート（重量は正規分布するとする）から 10 箱抽出して重さを測定したところ，標本平均 $\bar{x} = 54.5\,\mathrm{g}$，不偏分散の平方根 $u = 1.5\,\mathrm{g}$ であった。この製品の母平均の信頼度 95 %の信頼区間を求めよ。

なるほど，チョコレートの重量が構成する母集団に関する情報は，ここにはなにもない。しかも，抽出したチョコレートの数も 10 箱と少ない。ということで，式 (6.27) によって不偏分散の平方根で標本平均を正規化した値は，t 分布を構成する。すでに見たように t 分布は山型の分布であり，正規分布を用いた区間推定と同様に分布の中央部分に 95 %なり 99 %なりの面積をとるような積分区間を求めることが重要だ。式で書けば

$$0.95 = \int_a^b \frac{\Gamma((\nu+1)/2)}{\sqrt{\nu\pi}\Gamma(\nu/2)}(1+t^2/\nu)^{-(\nu+1)/2}dt \tag{6.31}$$

あるいは

$$0.99 = \int_a^b \frac{\Gamma((\nu+1)/2)}{\sqrt{\nu\pi}\Gamma(\nu/2)}(1+t^2/\nu)^{-(\nu+1)/2}dt \tag{6.32}$$

となるような積分区間 $[a,b]$ を求めよう，というわけだ。

例えば，自由度 ν が 4 のとき，中央に 95％の面積を与えるような信頼区間[1]は

$$-2.7746 \leqq t \leqq +2.7746 \tag{6.33}$$

となり，自由度 ν が 10 のとき，中央に 95％の面積を与えるような信頼区間は

$$-2.2281 \leqq t \leqq +2.2281 \tag{6.34}$$

となる。

このように，自由度が異なれば，同じ信頼係数を与える信頼区間が変わる。図 **6.12** は 3 種類の自由度 2, 4, 10 に対応した t 分布を上下に並べている。確かに自由度が大きくなるにつれて分布は高くなり幅が狭くなる。したがって，同じ 95％の面積でも，自由度が大きいと狭い範囲の積分で得られることがわかる。

では，問題に答えよう。

【解答】 チョコレート箱の個数は 10 なので，自由度は $10 - 1 = 9$。自由度 9 の t 分布において，信頼係数 95％となる信頼区間は

$$-2.262 \leqq t \leqq +2.262 \tag{6.35}$$

である。

したがって，計測値 $\pm 2.262\sigma \cdots$ ではなくて $\pm 2.262 u/\sqrt{n}$ の羽を生やした範囲が母平均 μ を含むと考えれば，100 回中 95 回は成り立つことになる。

$$54.5 - 2.262 \frac{1.5}{\sqrt{10}} \leqq \mu \leqq 54.5 + 2.262 \frac{1.5}{\sqrt{10}} \tag{6.36}$$

を計算し，53.427 g 以上 55.573 g 以下が求める信頼区間となる。　　　　◇

今後のために公式化しておこう。

$$\mu_{\text{upper}} = \overline{x} + \text{tinv}(p, df) \frac{u}{\sqrt{n}} \tag{6.37}$$

$$\mu_{\text{lower}} = \overline{x} - \text{tinv}(p, df) \frac{u}{\sqrt{n}} \tag{6.38}$$

ここで upper とは上方信頼限界，lower とは下方信頼限界を示す。$\text{tinv}(p, df)$ は信頼区間の面積と自由度によって得られる積分区間の両端である。次項の Excel を用いた計算によって求められる[2]。

---

[1] Excel 関数を用いてただちにこれを求める方法を，次項で解説する。
[2] Excel をお持ちでない方は，ネットで「t 分布表」と検索することで，自由度および信頼区間の面積に対応した値が列挙された表が簡単に手に入る。

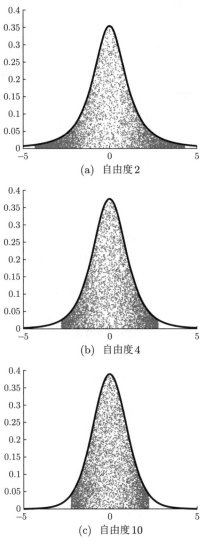

図 **6.12** 自由度 2, 4, 10 における t 分布。分布内の点々は 95% を占める領域を示す。

6.4.8 Excel の関数を使って信頼区間を求める

norm.dist や norm.inv のように，t 分布の計算をする Excel 関数についてここで触れる。例によって，Excel を使用しない読者は本項をスキップしていただいてかまわない。

さて，いきなり学習意欲をそいで申し訳ないが，**実用場面においてはほとんど信頼水準は 95 ％か 99 ％でしか設定されない**ので，わざわざ Excel を起動しなくとも，統計の教科書の付録にある表に ○ でもつけておけば十分かもしれない。しかし，さまざまな値を使ってシミュレーションをしたいという人は，本項で述べる関数の使い方を知っておいて損はない。筆者などは，本の付録と Excel の計算結果が一致するのを見るだけでうれしかったりするのだが，読者はどうだろう。

Excel で，とある確率（面積）を t 分布の真ん中に据えたとき，横軸上での両端の値，すなわち上方および下方信頼限界を求める関数は 2 種類ある。

(1) t.inv
(2) t.inv.2T

である。それぞれの関数に与える面積の考え方が異なるだけで，出てくる答えは当然同じである。

まず t.inv だが，これは二つのパラメータを必要とし，つぎの書式となる。

$$\text{t.inv}(-\infty \text{ からの面積 } P, \text{自由度}) \tag{6.39}$$

図で書けば，図 **6.13** のようになる。図で，点々を打ったエリアの面積が P となるためには，$-\infty$ からいくつまで積分すればよいかを教えてくれる関数である。

一方，t.inv.2T が必要とするパラメータは t.inv とは異なり，つぎの書式となる。

$$\text{t.inv.2T}(\text{左右の裾野の面積の合計 } P, \text{自由度}) \tag{6.40}$$

図で書けば，図 **6.14** のようになる。こうすることで，点々を打ったエリア

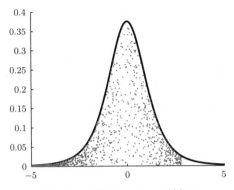

図 6.13 点群が，t.inv が対象にする領域

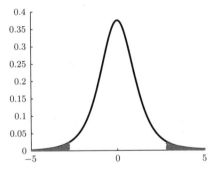

図 6.14 点群が，t.inv.2T が対象にする領域

と白抜きエリアの境界値が絶対値で返ってくる。

さきほどのチョコレートの問題（例題 6.6）では 95％信頼区間を知りたいので，二つの関数で ±2.262… という数値を得たければ，つぎのように書く。

(1) t.inv の場合

$$\left. \begin{array}{l} \text{t.inv}(0.025, 9) \simeq -2.2621 \\ \text{t.inv}(0.975, 9) \simeq 2.2621 \end{array} \right\} \tag{6.41}$$

(2) t.inv.2T の場合

$$\text{t.inv.2T}(0.05, 9) \simeq 2.2621 \tag{6.42}$$

108   6. 推定1：母平均を計測結果から幅つきで予想する

後者の答えは絶対値なので，自分でプラス・マイナスをつければ両端の値となる。

同じ値を求めるのに2通りのやり方があるのは，なんとも混乱のもとであるが，自分なりにどちらかに統一して覚えればそれでよい。**もちろんExcelもわざわざユーザを混乱させたくてトラップを仕掛けたわけではなく**，のちの「検定」で出てくる片側検定，両側検定との整合性を保つためにこのような仕様になっているのだと筆者は考えている。

さあ，これでつぎのような現実的な問題に対して区間推定ができるようなった。例題を解いておこう。Excelファイルを用いた解法であるので，Excelを使用しない読者は計算結果を追いかけるだけでよい。

例題 6.7 乾電池の寿命を検査した。10本の標本を対象に耐久試験を行ったところ，以下のような結果を得た（単位は時間）。寿命の母平均を95％および99％の信頼度で区間推定せよ。

$$x = 101, 101, 108, 100, 98, 104, 105, 101, 97, 93$$

【解答】
1. 標本の平均値 $\bar{x}$ を標本から求めよう（以下シミュレーションブック【**6.4.8_区間推定練習問題**】を参照）。

$$\frac{(101 + 101 + 108 + \cdots + 105 + 101 + 97 + 93)}{10} = 100.8 \quad (6.43)$$

Excelを使うなら … いわずもがな関数 average を使う（図 **6.15**）。

図 6.15 average で平均値を求める。

2. 不偏分散 u^2 の平方根を求めよう。関数 stdev.s を使う（図 6.16）。

	A	B	C	D
1	データ	平均値	不偏分散の平方根	信頼係
2	101	100.8	=STDEV.S(A:A)	
3	101			
4	108			
5	100			
6	98			
7	104			
8	105			
9	101			
10	97			
11	93			

図 6.16 stdev.s で不偏分散の平方根を求める。

3. 自由度 $df = 10 - 1 = 9$ の t 分布において，95％と 99％の信頼区間はそれぞれ

$$\left.\begin{array}{l} \text{t.inv.2T}(0.05, 9) \simeq 2.2621 \\ \text{t.inv.2T}(0.01, 9) \simeq 3.2498 \end{array}\right\} \quad (6.44)$$

である（図 6.17）。

	A	B	C	D	E	F
1	データ	平均値	不偏分散の平方根	信頼係数	信頼区間	下方信頼限界
2	101	100.8	4.263541	0.95	2.262157	
3	101			0.99	=T.INV.2T(1-D3,9)	
4	108					

図 6.17 t.inv.2T を求める。

4. 以上の結果を用いて，上方信頼限界・下方信頼限界を求める（図 6.18）。

図 6.18 上方および下方信頼限界

ということで，答えとして，この乾電池の寿命は

　95％信頼係数の場合，97.75 時間以上，103.85 時間以下
　99％信頼係数の場合，96.42 時間以上，105.18 時間以下

となる。信頼係数を高める（推定結果が当たる確率を高める）ためには，推定する区間の範囲を広げればよい[†]，という当たり前のことが反映されている。　◇

6.5　母集団は正規分布するが，平均と標準偏差は不明で，標本の大きさ 30 以上の場合

拍子抜けするかもしれないが，この場合は t 分布ではなく正規分布を用いて問題を解いてかまわない。なぜなら，自由度が 30 を超えると t 分布はほぼ正規分布に一致する，すなわち標本から求めた不偏分散の平方根 u を母集団の標準偏差 σ と見なしてよいからだ。

例題 6.8　ある工場で生産されるネジの長さに関する品質管理を考える。生産された 40 本のネジを無作為に抜き出して，長さを計測したところ，平均値が 85 mm，不偏分散の平方根が 0.1 mm だった。このネジについて信頼度 95％で母平均の信頼区間を求めよ。

標本の大きさが 40 なので，先の説明に従うと，不偏分散の平方根 $u = 0.1$ を母集団の標準偏差 σ と考えられる。すなわち，ロードマップの 4 番目の式が使える。

【解答】

$$\text{計測値} - 1.96\frac{\sigma}{\sqrt{n}} \leq \mu \leq \text{計測値} + 1.96\frac{\sigma}{\sqrt{n}} \tag{6.45}$$

に，問題で与えられた数値を代入して，84.97 cm 以上，85.03 cm 以下が答えとなる。　◇

本書の冒頭で述べたように，推計統計学の入口としてはここまでで十分である。この先は，ここまでの理解が中途半端なまま進んでも無駄である。正規分

[†] しかし，推定区間が広い予言はダサい。「いまから 1 年以内に大雨が降るだろう」といえば確実に当たるだろうが，ちっともありがたくない。一方，「いまから 24 時間以内に大雨が降るだろう」という予言はカッコいい。もちろん当たったときの話である。信頼確率は，予言のありがたさと予言の当たりやすさを天秤にかけて設定する必要がある。

布（と，母標準偏差が未知で標本が小さければ t 分布）を用いたもろもろのストーリーを理解したのちにトライすることをお勧めする。

セルフチェックリスト

(1) 母平均 μ を，幅を持って推定することの意味（95％信頼区間の本当の意味）を理解したか。
(2) 条件設定と使用する変換式の対応はとれているか。
(3) なぜ，母集団の形が不明で母標準偏差のみがわかっているときに，式 (6.2) を使用するのかが理解できているか。
(4) 母集団の形が不明で母標準偏差のみがわかっているときに，σ の情報だけから必要な標本の大きさを求める問題が解けるようになっているか。
(5) t 分布の定義に必要な情報として，自由度というものがあることを把握できたか。
(6) t 分布が正規分布に比べて，縦に押しつぶされた分布であることを理解したか。

本文でも述べたが，推定およびつぎの検定においては，問題文が設定している条件を読み取って，ロードマップに掲げた四つの正規化の式のどれを使うかさえ決定してしまえば，あとは機械的に解くことができる（もちろん，推定の意味は本文で説明したように納得した上での話である）。

以下の章末問題では，四つのパターンをランダムな順番に並べているので，まずは問題文を読んでどれに相当するかを考えるところから始めるとよい。

章 末 問 題

【1】あるいけすで養殖している魚の平均体長 μ を推定したい。母標準偏差が $0.2\,\mathrm{m}$ であることがわかっている。いま 10 尾の魚を釣って測定し平均をとったら，$0.7\,\mathrm{m}$ だった。信頼係数 95％ のもとで母平均 μ を区間推定せよ。

【2】 ある年代の男性の身長 x は，標準偏差 11 cm の正規分布をする．その年代に含まれるある人の身長を計測した結果 170 cm だった．信頼係数 95％のもとで，上方信頼限界と下方信頼限界を求めよ．

【3】 ある電池の持続時間の分布は $\sigma = 30$ 時間になることがわかっている．
(1) この製品の平均持続時間を推定したい．信頼係数 95％のもとで，信頼区間の幅を 3 時間以下にするには，標本の大きさをいくつにすればよいか．
(2) この製品の平均持続時間を推定したい．信頼係数 99％のもとで，信頼区間の幅を 7 時間以下にするには，標本の大きさをいくつにすればよいか．

【4】 ある年代の子供の身長の標準偏差 σ は 20 cm であることがわかっている．81 人の子供の身長を測り，母集団の平均値を推計する．信頼区間の幅を 3.4 cm に設定すると，それに対応する信頼係数は何％か．

【5】 ある年代の子供の平均身長は正規分布をなす．いまその年代の 10 人の子供の身長を測ると，標本平均が 156 cm，標本標準偏差が 14 cm であることがわかった．母平均 μ を 95％信頼係数のもとで推定せよ．

【6】 ある電気製品の耐久時間は正規分布する．いま 10 個の製品をテストすると，表 6.1 の結果になった．母平均 μ を 95％信頼係数のもとで推定せよ．

表 6.1 電球の耐久時間調査結果

検査番号	テスト結果
1	1250
2	1340
3	1320
4	1500
5	1360
6	1290
7	1410
8	1380
9	1400
10	1390

7 推定2：母分散を計測結果から幅つきで予想する

7.1 まずはロードマップを

6章では，母平均 μ の推定を行った。標本を z 変換すれば標準正規分布の世界で，あるいは数少ない標本でも平均値に変換すれば t 分布の世界で議論ができる，という性質を利用して，μ の範囲を決定することを学んだ。

ここでは母集団を記述する際に必要となるもう一つのパラメータ，母分散 σ^2 を区間推定することを考える。分散の求め方や概念がうろ覚えの読者は3章に戻っていただきたい。

母平均を推定したときと同じように，母分散の推定も条件設定を数段階に設定して学習する必要がある。すなわち以下の3段階である。

(1) 母集団が標準正規分布の場合（母平均 μ が0，母標準偏差 σ が1）。自由度は n を使う。
(2) 母集団が正規分布し，母平均 μ が既知の場合。自由度は n を使う。
(3) 母集団が正規分布し，母平均 μ が不明の場合。自由度は $n-1$ 使う。

やはりここでも最終段階が一番自然な条件設定で，最初の2段階は現実場面では通用しにくい。したがって，テクニカルな解法だけが欲しいという方は7.4節まで一気に飛んでもらいたい。

また，本章で新たに出てくるカイ2乗分布は母分散の区間推定に留まらず，統計の幅広い場面で役に立つ優れものである。つぎの8章の最後に**カイ2乗検**

定として紹介しているので，ぜひ参考にしてほしい．

7.2　カイ2乗分布：その1（母集団が標準正規分布の場合）

まず一番単純な条件設定から入る．**母集団が標準正規分布の場合**である．すなわち平均 μ が 0，標準偏差 σ が 1 の正規分布である．ここからガラポンで，例えば x_1, x_2, x_3 の三つの標本を取り出す．この三つの標本を用いて分散を求める．

標本と平均値（μ すなわち 0）の差を 2 乗し，すべて足して 3 で割ったものが，標本の単純な分散 s^2 である．

$$s^2 = \frac{(x_1 - 0)^2 + (x_2 - 0)^2 + (x_3 - 0)^2}{3}$$
$$= \frac{x_1^2 + x_2^2 + x_3^2}{3} \tag{7.1}$$

式を見れば一目瞭然，分子はつねに正になる．ということは，標本の分散は正規分布を構成しない．ここで登場するのが χ^2（カイ2乗）分布というものである．

ここで，式 (7.1) の分子だけ，すなわち偏差 2 乗和がどのような分布になるかを，いつもどおり Excel を使って目で確かめる．シミュレーションブック【**7.2_カイ2乗分布1**】を見てみよう．標本の大きさが 1, 3, 5 の 3 通りについて，標本の偏差 2 乗和を 1000 組用意し，ヒストグラム化した（**図 7.1** は標本の大きさが 3 のときだけを示している）．

いずれも左の裾野が急峻で，右の裾野が長いという，いびつな分布を描く．特にこの傾向は標本の大きさが少ないときに顕著である．また，t 分布のときと同じく，偏差 2 乗和の分布は標本の大きさに依存する．

簡単にシミュレーションブックを解説しておこう．

(1) セル L1 から N1 に，標準正規分布からランダムに三つの標本 x_1, x_2, x_3 を選び出した．

(2) これを 2 行目以下 1001 行目まで繰り返した．

7.2 カイ2乗分布：その1（母集団が標準正規分布の場合）

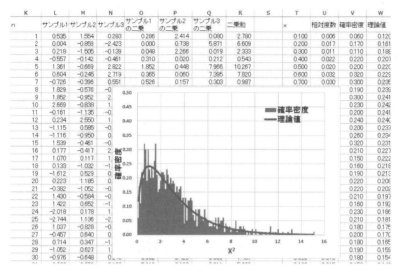

図 7.1 標準正規分布から取り出した n 個の標本の偏差 2 乗和のヒストグラム（標本の大きさ $n=3$）と理論値

(3) O 列から Q 列は，それらを 2 乗したもの，すなわち 1000 組の x_1^2, x_2^2, x_3^2 である。

(4) R 列で三つの 2 乗値を合計した。

(5) 1000 組の 2 乗値のヒストグラムを作った。T 列が度数区間である。ここでは 0.1 刻みにした。

(6) U 列で，関数 frequency[†] を用いて出した度数を 1000 で割り，相対度数化した。

(7) V 列で，相対度数を区間幅 0.1 で割って確率密度に変換した（この部分は読み飛ばしてもらってかまわない。付録において解説する）。

(8) W 列に後述する理論値を求める数式を書いた。

ともかく，標本と平均（$\mu = 0$）の偏差 2 乗和は，このような特徴的な分布をする。再々述べているように，特徴的な分布をするということは，数式で表現でき，計算ができるということである。この分布はつぎの数式で表現される。

[†] この関数の使い方は付録で解説する。ここでは，簡単に度数が求められたということで留めておいてほしい。

$$f(x;n) = \frac{(1/2)^{n/2}}{\Gamma(n/2)} x^{n/2-1} \exp\left(\frac{-x}{2}\right) \tag{7.2}$$

また，Γのお出ましである．しかし，前章において「値を与えればある決まりに則った計算結果を与える関数」であることを，Excelを用いて調べたから，もうそんなに拒絶感はない．統計の世界では，じつにこの関数が有用な働きを持つようだ．まあ深掘りはやめておいて，とりあえず先に進もう．ただ，いつもどおり本当に計算ができるのかどうかは確かめてみた．すなわち，さきほどの図7.1内の「理論値」と記された列である．Excelのgamma関数を使ってこの式の値を求めてみた．前章の繰り返しになるが，xは普通にxである．式の中のnはこの分布の形状をコントロールする自由度[†]である．結果はご覧のとおりで，自由度が大きくなるに従って，すなわち標本の数が大きくなるに従って，歪み度合いが減っていく．また，さきほどのヒストグラムともぴったり一致している．例によって，実験結果とそれを要約する理論が一致したことが確かめられた．

このままいくと，このグラフは左右対称な正規分布の形になるのではないかと予想した方，正解．図**7.2**に標本の大きさを5まで増やしたときの理論値を重ねて示す．だんだんと左右対称に近づいていることが見て取れる．それはと

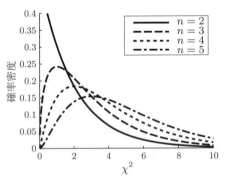

図**7.2** 定義式から求めたカイ2乗分布
（自由度 $n = 2, 3, 4, 5$）

[†] この節の条件設定では，標本の大きさと等しい．標本の大きさから1を引く条件設定は，7.4節と本章の最後で紹介する．

7.2 カイ2乗分布：その1（母集団が標準正規分布の場合）

もかく，このグラフが書けたことによる御利益について考えよう。

正規分布から抽出した標本の2乗和（これが先のグラフの横軸の値に相当する）はこのような分布をするということである。これまでさんざん練習したように，よく定義された分布が私たちに与えてくれるものは，「この分布の中心に95％のエリアをとるための，すなわち95％の面積を定義するための x の範囲」である。つぎの問題で，カイ2乗分布における中央95％のエリアのイメージをつかもう。

例題 7.1 標準正規分布から大きさ4の標本を取り出し，その2乗和を求める。この結果は95％信頼区間のもとで，いくらからいくらになるだろうか。

図 7.3 は，標本の大きさ＝自由度が4のときの，カイ2乗分布を示したものである。問題は，この領域の中央部分に95％の面積（図中の点々で埋められた領域）をとるための積分区間，を問うている。左右の裾野にそれぞれ 2.5％ の面積を残すとき，境界となる横軸の値がいくらかを求める問題である。

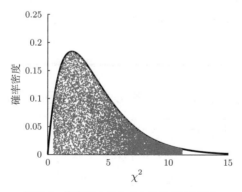

図 7.3 自由度4のカイ2乗分布における
中央部分の面積95％のエリア

【解答】 この例題は，左の裾野ならば

$$0.025 = \int_0^? \frac{(1/2)^{n/2}}{\Gamma(n/2)} x^{n/2-1} \exp\left(\frac{-x}{2}\right) dx \tag{7.3}$$

また、右の裾野ならば

$$0.025 = \int_{?}^{\infty} \frac{(1/2)^{n/2}}{\Gamma(n/2)} x^{n/2-1} \exp\left(\frac{-x}{2}\right) dx \quad (7.4)$$

における "?" の値を求める問題にほかならない。

　数表あるいは Excel の関数を使って数値を求めると，それぞれの値は約 0.48 と約 11.14 となる。したがって，およそ 0.48～11.14 の範囲が，四つの偏差 2 乗和の 95 ％信頼区間ということになる。　　　　　　　　　　　　　　　　　◇

補題 7.1

　Excel 関数を用いてカイ 2 乗分布の積分区間を求める方法について述べる。Excel には `chisq.inv` という関数があり

　　　`chisq.inv(左側の面積，自由度)`

という書式で，「左側の（裾野の）面積」を与えるためには 0 からいくつまで積分すればよいかを教えてくれる。すなわち，左側の裾野 2.5 ％の面積は 0 から `chisq.inv(0.025,4)` までを積分すればよく，また，右側に残った 2.5 ％の裾野は，0 から `chisq.inv(0.975,4)`[†] までを積分した面積の残りが相当する（図 7.3）。

7.3　カイ 2 乗分布：その 2（母集団が正規分布し，母平均 μ が既知の場合）

　続いて，母集団が標準正規分布ではなく，一般的な正規分布から取り出された標本から，母集団の分散を推定することを考える。

　母平均が μ，母標準偏差が σ である正規分布から，標本が x_1, x_2, x_3 と三つ得られたとしよう。z 変換を覚えているだろうか？　すなわち，素データから母平均 μ を引き，母標準偏差 σ で割ったものは，標準正規分布になるというアレだ。

[†] もはやおわかりだと思うが，左の裾野 2.5 ％と中央の 95 ％を足して 97.5 ％だから。

7.3 カイ2乗分布：その2（母集団が正規分布し，母平均 μ が既知の場合）

すると，$(x_1 - \mu)/\sigma$, $(x_2 - \mu)/\sigma$, $(x_3 - \mu)/\sigma$ と，三つの計算値が標準正規分布の世界のメンバーに変換されたことになる。

さて，ここで前節を思い出してもらいたい。標準正規分布から取り出された大きさ n の標本の2乗和は，自由度 n のカイ2乗分布を形作るのだった。ということは，この三つの変換値の2乗和

$$\left(\frac{x_1 - \mu}{\sigma}\right)^2 + \left(\frac{x_2 - \mu}{\sigma}\right)^2 + \left(\frac{x_3 - \mu}{\sigma}\right)^2 \tag{7.5}$$

も自由度 n のカイ2乗分布を形作ることになる†。なんかうまいこと丸め込まれている気がする。これはもちろん「母平均 μ がわかっている」という仮定があるから，このようなきれいなロジックになるのである。一般的な条件での話は，次節まで待ってもらいたい。

では問題。

例題 7.2 ある錠剤に含まれる成分 A の母集団は，平均 10 mg の正規分布をなすことがわかっている。いま3個の錠剤を取り出して成分 A を分析したところ，12, 9, 15 mg という結果を得た。母分散の95％信頼区間を求めよ。

【解答】

$$\left(\frac{12 - 10}{\sigma}\right)^2 + \left(\frac{9 - 10}{\sigma}\right)^2 + \left(\frac{15 - 10}{\sigma}\right)^2$$
$$= \frac{4 + 1 + 25}{\sigma^2}$$
$$= \frac{30}{\sigma^2} \tag{7.6}$$

さて，標本の大きさ＝自由度が3のとき，左右2.5％の裾野を残す境界線の値を左右それぞれで求めると，不等式はつぎのとおりとなる。

$$0.2157 \cdots \leqq \frac{30}{\sigma^2} \leqq 9.3484 \cdots \tag{7.7}$$

もうこの不等式は難なく解けることでしょう。

---

† なぜなら，この式 (7.5) が丸ごと，式 (7.1) の分子の部分に相当するから。

120   7. 推定2：母分散を計測結果から幅つきで予想する

$$3.2091\cdots \leqq \sigma^2 \leqq 139.0206\cdots \tag{7.8}$$

標準偏差が求めたければ，ルートをとってつぎのようにする．

$$1.7913\cdots \leqq \sigma \leqq 11.7907\cdots \tag{7.9}$$

◇

補題 7.2

`chisq.inv` を用いて値を求めるならば，自由度が 3 なので，左右 2.5 ％の裾野を残す境界線の値は左右それぞれ

$$\text{chisq.inv}(0.025, 3) \simeq 0.2157$$
$$\text{chisq.inv}(0.975, 3) \simeq 9.3484$$

と求められる．

7.4 カイ2乗分布：その3（母集団が正規分布し，母平均 μ が不明の場合）

最後に，一般的な条件設定，すなわち母平均 μ がわからない場合の母分散 σ^2 の推定を考える．ただし，母集団は正規分布すると仮定する．前節では母平均 μ が与えられていたので，例えば三つの標本があった場合

$$\chi^2 = \left(\frac{x_1 - \mu}{\sigma}\right)^2 + \left(\frac{x_2 - \mu}{\sigma}\right)^2 + \left(\frac{x_3 - \mu}{\sigma}\right)^2 \tag{7.10}$$

という z 変換値の 2 乗和を計算したら，うまいことカイ 2 乗になったのだった．いま，この μ がわからない場合，ぼけっとしててもしょうがないので，三つの標本の平均 $\overline{x}$ で代用してみよう．

$$\begin{aligned}X^2 &= \left(\frac{x_1 - \overline{x}}{\sigma}\right)^2 + \left(\frac{x_2 - \overline{x}}{\sigma}\right)^2 + \left(\frac{x_3 - \overline{x}}{\sigma}\right)^2 \\ &= \frac{(x_1 - \overline{x})^2 + (x_2 - \overline{x})^2 + (x_3 - \overline{x})^2}{\sigma^2}\end{aligned} \tag{7.11}$$

7.4 カイ2乗分布：その3（母集団が正規分布し、母平均 μ が不明の場合）

いきなり記号が増えたので，説明しておく。いままでカイ2乗カイ2乗とカタカナで書いてきたが，カイとはギリシア文字 χ（アルファベットでいえばX）の読みのことである。式 (7.10) は本来の統計量の定義式なので $\chi^2 = \cdots$ とし，式 (7.11) は $\overline{x}$ を使ったある種の修正式のため，アルファベット表記で $X^2 = \cdots$ とした。

さて，式 (7.11) の分子は，標本の分散 s^2 を求める式と似ている。分散とは，標本の大きさが 3 ならば，三つの偏差 2 乗和を 3 で割ったものなので，次式のようになる。

$$s^2 = \frac{(x_1 - \overline{x})^2 + (x_2 - \overline{x})^2 + (x_3 - \overline{x})^2}{3} \tag{7.12}$$

式 (7.11) と式 (7.12) は分子が同じである。

ということは

$$\sigma^2 X^2 = 3s^2 \tag{7.13}$$

が成り立ち，変形すると

$$X^2 = \frac{3s^2}{\sigma^2} \tag{7.14}$$

となる。標本の大きさを一般化して n と表すと

$$X^2 = \frac{ns^2}{\sigma^2} \tag{7.15}$$

である[†1]。

天下り式で申し訳ないが，結論をいえば，**統計量 X^2 は自由度 $n-1$ のカイ2乗分布に従うことがわかっている**[†2]。ようやくこれでつぎのような問題が解けることになる。

例題 7.3 ある錠剤に含まれる成分 A の分量は正規分布する。いま 3 個の

[†1] 教科書によっては標本の単純な分散 (s^2) ではなく，標本から求めた不偏分散 (u^2) を用い，n ではなく $(n-1)$ をかけた $X^2 = (n-1)u^2/\sigma^2$ で表現することもあるが結果は同じである。

[†2] 天下りは嫌だという方，次節において確認をするのでお待ちください。

錠剤を取り出して分析したところ，12, 9, 15 mg という結果を得た．母分散の 95％信頼区間を求めよ．

前節の問題から μ に関する情報を削っただけである．

【解答】 まず，平均値 $\bar{x}$ を求める．

$$\bar{x} = \frac{12 + 9 + 15}{3} = 12 \tag{7.16}$$

続いて分散 s^2 を求める．

$$\frac{(12-12)^2 + (9-12)^2 + (15-12)^2}{3}$$
$$= \frac{0 + 9 + 9}{3} = 6 \tag{7.17}$$

さて，**標本の大きさが 3 なので自由度 2** のカイ 2 乗分布において左右 2.5％の裾野を残す境界線の値を求めてみると，それぞれ 0.0506 と 7.3778 である．したがって，式 (7.15) に従えば，つぎの式が成り立つ．

$$0.0506\cdots \leq \frac{3 \times 6}{\sigma^2} \leq 7.3777\cdots \tag{7.18}$$

$$2.4397\cdots \leq \sigma^2 \leq 355.4810\cdots \tag{7.19}$$

以上で終わりとなる． ◇

ちなみに，いまやみなさんは，この三つの標本から母平均 μ も区間推定できるようになっている．すなわち，**ここにおいて，母集団を決定する二つのパラメータ，平均値も分散も，もはや神のみぞ知る値ではなくなっているのです．**すごいことだと思いませんか．

7.5 統計量 ns^2/σ^2 が自由度 $n-1$ のカイ 2 乗分布に従うことの確認

統計量 ns^2/σ^2 が自由度 $n-1$ のカイ 2 乗分布に従うことを，いつものように目視しよう．シミュレーションブック【**7.5_カイ 2 乗分布 2**】（図 **7.4**）の C 列から F 列は，正規分布から大きさ 4 の標本を取り出す実験を 1000 回繰り返したことを示している．そして，1000 組の標本（大きさ 4）それぞれについて，L 列で統計量 $X^2 = ns^2/\sigma^2$ を求めている．

7.5 統計量 ns^2/σ^2 が自由度 $n-1$ のカイ2乗分布に従うことの確認

A	B	C	D	E	F	G	H	I	J	K	L	M	N	O	P
母平均μ	No	標本1	標本2	標本3	標本4	標本平均値	標本1と標本平均の偏差二乗	標本2と標本平均の偏差二乗	標本3と標本平均の偏差二乗	標本4と標本平均の偏差二乗	統計量X^2	x	相対度数	X^2	自由度3の理論値
170.0	1	171.238	167.246	165.192	169.729	168.351	8.334	1.221	9.979	1.897	0.708	0.100	0.011	0.110	0.120
	2	175.648	171.415	172.960	173.439	173.366	5.211	3.806	0.164	0.005	0.304	0.200	0.019	0.190	0.161
母標準偏差σ	3	161.483	173.600	175.195	174.430	171.177	93.971	5.870	16.147	10.580	4.184	0.300	0.027	0.270	0.188
5.5	4	163.839	180.016								4.534	0.400	0.024	0.240	0.207
	5	171.814	169.553								0.736	0.500	0.030	0.300	0.220
	6	167.463	170.889								0.786	0.600	0.021	0.210	0.229
	7	162.603	173.511								2.425	0.700	0.019	0.190	0.235
	8	172.220	172.186								1.799	0.800	0.025	0.250	0.239
	9	176.779	173.579								1.696	0.900	0.017	0.170	0.241
	10	161.623	170.474								5.229	1.000	0.026	0.260	0.242
	11	170.767	173.571								0.249	1.100	0.030	0.300	0.241
	12	177.443	167.443								2.123	1.200	0.023	0.230	0.240
	13	175.280	170.203								1.643	1.300	0.020	0.200	0.237
	14	160.574	179.558								8.122	1.400	0.018	0.180	0.234
	15	168.943	168.955								1.469	1.500	0.025	0.250	0.231
	16	174.426	171.871								1.872	1.600	0.022	0.220	0.227
	17	171.319	167.328								1.039	1.700	0.022	0.220	0.222
	18	164.769	169.217								3.570	1.800	0.023	0.230	0.218
	19	167.718	181.176								4.816	1.900	0.020	0.200	0.213
	20	168.731	172.096								1.601	2.000	0.022	0.220	0.208
	21	171.340	158.938								3.766	2.100	0.022	0.220	0.202
	22	174.864	175.723								1.921	2.200	0.017	0.170	0.197

図 7.4 $\mu = 170$, $\sigma = 5.5$ の正規分布から取り出した大きさ4の標本から求めた統計量 $X^2 = ns^2/\sigma^2$ と理論値

なお,今回の正規分布には $\mu = 170$, $\sigma = 5.5$ を設定した[†]。

そして,自由度3で定義される理論値を求め,先ほどの統計量のヒストグラムと重ね合わせたところ,ぴったりと一致した。図 **7.5** に,自由度 1, 5 のときのシミュレーション結果を示す(シミュレーションブックには含めていない)。

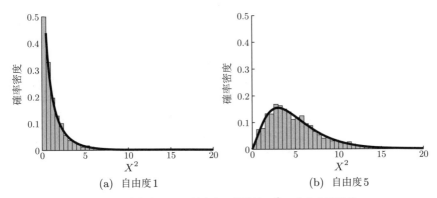

(a) 自由度1　　　　(b) 自由度5

図 7.5 自由度 1, 5 に対応する統計量 X^2 の分布と理論値

これで,母平均 μ が未知でも,標本平均を用いた統計量がカイ2乗に従うことが確認できた。

[†] 具体例として,いつものごとく身長の分布をイメージしている。

セルフチェックリスト

(1) 三つの条件設定それぞれで母分散を求めるストーリーを理解したか。
(2) カイ2乗分布にも自由度の概念が必要であることを理解したか。

章 末 問 題

【1】 母平均がわかっている正規分布する母集団から，大きさ10の標本を抽出した。母平均と標本の偏差2乗和は15.0であった。母分散 σ^2 を信頼係数95％で推定せよ。

【2】 母平均が不明の正規分布する母集団から，大きさ20の標本を抽出した。母平均と標本の偏差2乗和は15.0であった。母分散 σ^2 を信頼係数95％で推定せよ。

8 検定

　本章では検定（テスト）について学ぶ．得られたデータがレアな値かどうかを「テスト」するのである．しかし安心してほしい．基本的な知識はもはや「推定」の章で身についている．検定とは，いってみれば，得られたデータがそれを生み出した分布において，真ん中95％のエリア（珍しくないエリア）から取り出されたものか，端っこのエリア（珍しいエリア）から取り出されたものかどうかを判断することである．**なんのことはない，基本的には $\pm 2\sigma$（場合によっては $\pm 3\sigma$）以上平均値から離れているかという判断をすればよい．**

　多くの統計の書物では，検定の章において，もろもろの統計的お約束表現を学ぶ．テクニカルタームとして「有意水準」「棄却閾」「帰無仮説」「対立仮説」などであるが，本書ではそこには触れないか，触れたとしても必要最小限に留める．話がそれやすく，余計な体力を消耗するからである．学生の読者向けに○のもらえる答案の書き方という「形式的な作法」を，本章最後に記載する．ここでのお勉強としては，**片側検定**，**両側検定**の概念だけを押さえておけばよいとする．それ以降は実際に問題に当たりながら，統計検定の考え方に慣れてほしい．問題のバリエーションとしては，以下が考えられる．

(1) 母平均の検定
(2) 母平均の差の検定
(3) 母比率の検定
(4) 母比率の差の検定
(5) カイ2乗検定

8. 検　　　定

　本章では，これらの検定で用いる統計量を計算する式が，かなり天下り的に示される。「つぎの統計量○○は××分布に従うことが知られている」といった具合だ。なぜそれが「知られる」ことになったのかについて数学的な証明はしていない。しかし，すべての問題で，「統計量○○」を大量に作成した結果が，確かに「××分布」になることをExcelシミュレーションで示した。これは理論の目視による確認と，もう一つ重要な意味を持つ。すなわち，**その問題が想定する素データをいかにしてExcel上で作り出すか**，ということである。

　通常問題文には一組のデータが示されるだけで，あとはそのデータが珍しい値かどうかを検定せよ，という流れとなる。しかし，ここでは，問題文が想定している条件のもとで素データをランダムに作り出す方法を示した。これはすなわち，Excel上に架空の実験室を作ったことと同じである[†]。

8.1　片側検定と両側検定

　「片側検定」「両側検定」と名前に「検定」がついているが，これはけっして検定の「種類」をさしているのではない。**問題が設定している分布の95％信頼区間をどのように考えるか**，という考え方の名称である。まず，問題が「片側検定」なのか「両側検定」なのかを見極めてから，どの統計量を計算すべきか（「母平均」「母比率」「母平均の差」「母比率の差」）に進むことが必要である。

　例として，まずつぎの二つの問題を読んでみよう。

例題 8.1　両側検定の問題例：従来の薬を使うと，血中の成分Aが平均$1.75\,\mathrm{mg}$に，標準偏差が$0.15\,\mathrm{mg}$の正規分布に従うことがわかっている。新しい薬を開発して投薬実験を行うと，血中の成分Aは平均$2.02\,\mathrm{mg}$になった。新薬は成分Aの量に変化をもたらす効果があるのだろうか。5％の有

[†] このアプローチは涌井ら(2003)による「Excelで学ぶ統計解析」を範としたものである。詳細は巻末の参考書籍を参照されたい。

意水準†で検定せよ.

例題 8.2 片側検定の問題例: 従来の薬を使うと,血中の成分 A が平均 1.75 mg に,標準偏差が 0.15 mg の正規分布に従うことがわかっている.新しい薬を開発して投薬実験を行うと,血中の成分 A は平均 2.02 mg になった.新薬は成分 A を増やす効果があるのだろうか.5％の有意水準で検定せよ.

一読してわかるとおり,両者の違いは最後から 2 文目のみである.

- 例題 8.1 (両側検定):新薬は成分 A の量に変化をもたらす効果があるのだろうか.
- 例題 8.2 (片側検定):新薬は成分 A を増やす効果があるのだろうか.

すなわち,両側検定とは,データがプラスの方向にレアなのか,マイナスの方向にレアなのかは**問わない**.一方,片側検定では,データのレアさの**方向性があらかじめ仮定**されている.この違いを問題文から読み解かなければならない.

それができれば,あとはデータ (いまの場合 2.02) がレアな領域に入るかどうかの判断である.**図 8.1** と**図 8.2** を見比べていただきたい.両側検定では,図 8.1 内の左右にできた白抜きの領域**どちらか**にデータが含まれれば,それはレアなデータである,すなわち成分 A に変化があった,といえる.一方,片側検定では,図 8.2 (a) 内の上側の裾野にできた白抜きの領域にデータが含まれれば,レアなデータである,すなわち成分 A が増えたといえる.もちろん「成分 A を**減らす**効果」が仮定される場合は,下側の裾野にできた領域に含まれるかどうかを検討する必要がある (図 8.2 (b)).

---

† 「有意水準」の意味については,例題 8.4 までお待ちいただきたい.

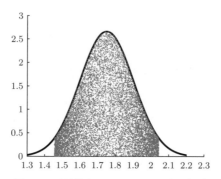

図 8.1 両側検定がターゲットにする領域（両裾の白抜きの部分）

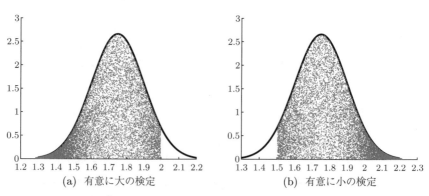

図 8.2 有意[†]に大きいこと (a) と小さいこと (b) を検定する片側検定がターゲットにする領域

8.2 母平均の検定

8.2.1 母集団が正規分布とわかっているとき

推定と同様，検定においても母集団に関する情報の有無に応じて使うべき統計量の計算式が変わってくる。まずは，最も単純な場合が本項である。そして，例題は前節において提示したものが相当する。以下に再掲する。

[†] 「優位」ではなく，「有意」である。統計的に「意」味が「有」るぐらい大きな（あるいは小さな）値だった，と読み替えればよい。

例題 8.3 両側検定の問題例: 従来の薬を使うと,血中の成分 A が平均 1.75 mg に,標準偏差が 0.15 mg の正規分布に従うことがわかっている。新しい薬を開発して投薬実験を行うと,血中の成分 A は平均 2.02 mg になった。新薬は成分 A の量に変化をもたらす効果があるのだろうか。5％の有意水準で検定せよ。

例題 8.4 片側検定の問題例: 従来の薬を使うと,血中の成分 A が平均 1.75 mg に,標準偏差が 0.15 mg の正規分布に従うことがわかっている。新しい薬を開発して投薬実験を行うと,血中の成分 A は平均 2.02 mg になった。新薬は成分 A を増やす効果があるのだろうか。5％の有意水準で検定せよ。

それぞれの概念(両側,片側)において想定すべき図は,図 8.1 と図 8.2 (a) であった。もはやおわかりかと思うが,それぞれの検定において,レアなデータを含む領域とそうでない領域の境目は横軸上でいくらだろうか,と考えるわけである。

(a) 考え方:両側検定 「5％の有意水準で検定せよ」といわれた場合は,$\mu = 1.75$,$\sigma = 0.15$ の正規分布において,中央部分に 95％（$= 100 - 5$）のエリアを確保するような（逆にいえば両側の裾野にそれぞれ 2.5％ の裾野を残す,すなわち左右の裾野の合計が 5％ になるような）積分区間はいくらだろうか,と考える。覚えておいでだろうか。面積から積分区間を求める計算である。今回の条件ならば,$[1.456, 2.043]$ となる。新薬を使った実験データは 2.02 mg とのことである。ならば,これは中央部分の「レアでない」領域に含まれる数値となり,変化をもたらす効果はなかった,が結論である。

補題 8.1
与えられた面積をもたらす積分区間を教えてくれる Excel 関数は `norm.inv` だった。今回の条件ならば

$$\left.\begin{array}{l}\text{norm.inv}(0.025, 1.75, 0.15) \simeq 1.456 \\ \text{norm.inv}(0.975, 1.75, 0.15) \simeq 2.043\end{array}\right\} \tag{8.1}$$

となる。

（ｂ）　考え方：片側検定　片側検定の問題で「5％の有意水準で検定せよ」といわれた場合は，正規分布において，下側だけに 95％ $(= 100-5)$ のエリアを確保するような（逆にいえば上側の裾野に <u>5％</u> の裾野を残すような）積分区間はいくらだろうか，と考える。先と同様に計算を行えば，その区間は $[1.996, \infty]$ となる。なんと！新薬を使った実験データは 2.02 mg なので，今度は，上側の裾野に含まれるレアな数値となり，成分 A を増やす効果は**有意**にあった，が結論となる。

補題 8.2

`norm.inv` を用いれば

$$\text{norm.inv}(0.95, 1.75, 0.15) \simeq 1.996 \tag{8.2}$$

今回は人工的なデータで，説明を面白くするために，あえて結論が異なるように数値を設定した。しかし，ここからわかることは，片側検定は両側検定に比べてレアな領域が広がるために，オイシイ結果が出やすい[†]。とはいえ，オイシクナイ結果が出たからといって，両側検定と片側検定をころころ変えるような実験計画を立ててはいけない。

8.2.2　母集団の分布は不明だが母分散がわかっている場合

例題 8.5　ある製品は，重さの平均 60 g，標準偏差 10 g の条件を満たすものと定められている。ある日，出荷予定の製品 16 個を抽出検査した結果，

[†] そりゃ，薬の効果，教授の効果，トレーニングの効果などがあると出る結果のほうが，実験をする側としては「オイシイ」ですよね。

平均が 60.5 g であった。この日出荷予定の製品は規格の範囲内にあるといえるか。有意水準 5 ％で検定せよ。

これまた推定のときと同様，項タイトルのような条件下では，母集団の形状はなんであれ，そこから取り出された標本の平均値は正規分布を構成する，という中心極限定理に従い，z 変換を行って，**標準正規分布** の世界で統一的に議論すればよい。

すなわち，この検査結果 60.5 g は平均 60，標準偏差 $10/\sqrt{16}$（注意！）の正規分布に含まれると考えられるので，z 変換を行う。

$$z = \frac{60.5 - 60}{10/\sqrt{16}} = 0.2 \tag{8.3}$$

この問題は両側検定なので[†1]，レアな領域は正規分布の中央に 95 ％の面積をとるような積分区間の外側である。すなわち $[-1.959, 1.959]$ である。レアな値になるためには，これらの数値を絶対値で上回らなければならない[†2]。

したがって，変換値 z は 0.2 とこれらには遠く及ばず，レアな領域のデータとはいいがたい。すなわち検査結果は通常の範囲内にあると考えてよい。

補題 8.3

Excel を用いてこの積分区間を求める関数は以下のとおり。

$$\left. \begin{array}{l} \texttt{norm.inv}(0.025, 0, 1) \simeq -1.959 \\ \texttt{norm.inv}(0.975, 0, 1) \simeq 1.959 \end{array} \right\} \tag{8.4}$$

[†1] 母平均 60 g より大きくあるべきか，小さくあるべきか，そのことは問題には明言されていないから。

[†2] この表現，大丈夫ですか。「プラス方向ならばより大きく，マイナス方向ならばより小さく」ということを短く書けば，「絶対値で上回る」となりますね。

8.2.3 母分散が不明で，標本が小さい場合：t 検定

例題 8.6 ある米は，1 袋の内容量 1000 g の正規分布をなすように販売されている。この米 5 袋を無作為抽出して測定したところ，標本平均 1003 g，不偏分散の平方根は 2 g であった。この袋詰めは正しく行われているかどうか，有意水準 5 ％で検定せよ。

ここまで来ればもうおわかりだろう。この問題は t 分布を使うような，一番現実的な条件設定である。両側か片側かについては，袋詰め重量の増減についてはなにも限定していないので，両側である。したがって，つぎのようになる。

【解答】 計測データ 1003 g を t 値に変換すると

$$\begin{aligned} t &= \frac{\bar{x} - \mu}{u/\sqrt{n}} \\ &= \frac{1003 - 1000}{2/\sqrt{5}} \\ &= 3.354 \end{aligned} \tag{8.5}$$

となる。自由度 4 $(= 5 - 1)$ の t 分布において，中央部分に 95 ％の面積をとるような積分区間は $[-2.776, 2.776]$ 。したがって，変換値 $3.354 > 2.776$ となって，プラス方向にレアな領域に入ってしまう。標本平均は有意に母平均と異なる，と結論づけられる。 ◇

補題 8.4

Excel を用いてこの積分区間を求める関数は，以下のとおり。

`t.inv` と `t.inv.2T` の 2 通りで求められる。自由度が $n - 1 = 5 - 1 = 4$ となることを思い出そう。

$$\texttt{t.inv}(0.975, 4) \simeq 2.776 \tag{8.6}$$

$$\texttt{t.inv.2T}(0.05, 4) \simeq 2.776 \tag{8.7}$$

では，片側検定の問題ならどのようになるだろうか。

例題 8.7 標本の大きさ $n = 7$, 標本平均 $\bar{x} = 59.5$, 不偏分散の平方根 $u = 2.5$, 有意水準 $\alpha = 0.01$ のとき, 帰無仮説 $H_0 : \mu = 60.0$, 対立仮説 $H_1 : \mu < 60.0$ の検定をせよ.

少々言葉遣いが難しそうに見えるが, つぎのように解釈しよう[†1].

標本の大きさが 30 未満なので, t 分布において議論する必要がある. また, 有意水準 $\alpha = 0.01$ とあるが, これは（5％ではなく）1％のエリアに入るかどうかを検定せよといっている.

「帰無仮説 $H_0 : \mu = 60.0$, 対立仮説 $H_1 : \mu < 60.0$ の検定をせよ」の部分だが, ここでは帰無仮説, 対立仮説については飛ばし, 本章の最後で解説する. 要するに, μ が 60 より小さいかどうか, すなわち片側検定をせよといっているのである[†2].

【解答】 標本平均 59.5 を t 値に変換する.

$$\begin{aligned} t &= \frac{\bar{x} - \mu}{u/\sqrt{n}} \\ &= \frac{59.5 - 60}{2.5/\sqrt{7}} \\ &= -0.529 \end{aligned} \quad (8.8)$$

t 分布において, 下側裾野の面積が 1％の面積をとるような積分区間を求めると, $[\infty, -3.143]$. したがって, $-0.529 > -3.143$ なので, レアな領域には**入らない**（符号に伴う位置関係に注意！）. したがって, 標本の値は母平均に比べて有意に小さいとはいえない. ◇

補題 8.5

Excel を用いてこの積分区間を求める関数は, 以下のとおり.

`t.inv` を用いる (`t.inv.2T` は両側確率を引数とする関数なので, この

[†1] この辺の検定独特の言葉遣いについては, 8.7 節を参照されたい.
[†2] 両側検定, すなわち μ が 60 と 異なるかどうか ならば,「帰無仮説 $H_0 : \mu = 60.0$, 対立仮説 $H_1 : \mu \neq 60.0$ の検定をせよ」と表現される.

場合ふさわしくない)。自由度は $n-1 = 7-1 = 6$。

$$\text{t.inv}(0.01, 6) \simeq -3.143 \tag{8.9}$$

8.3 母平均の差の検定（標本の大きさが30未満のとき）：t検定

8.3.1 手で計算する

前節では，得られたデータがあらかじめ設定された母平均に比べて極端に異なるかどうかという判断を行った。この手法の適用場面として，例えば工場での品質管理がイメージできる。

本節では，さらに身近な場面設定が出てくる。こんな問題だ。

例題 8.8 ○○中学3年A組とB組から各10人を無作為抽出し，身長を測定した（表8.1）。両クラス間に身長差はあるか，有意水準5％で吟味せよ。

表 8.1 　2クラス各10人の無作為抽出による身長〔cm〕

A 組	B 組
170	160
168	154
170	162
169	160
179	151
162	159
172	148
169	159
169	150
179	162

いかにもありそうな問題設定だ。二つのグループはなんでもいい。薬を飲んだ群と飲まない群の睡眠時間の差，A塾に行った学生とB塾に行った学生の学力テストの結果，省エネ基準対応のエアコンとそうでないエアコンの電気代…いくらでも思いつく。

8.3 母平均の差の検定（標本の大きさが 30 未満のとき）: t 検定

ここでは最もメジャーな **Student**[†]**の t 検定**という手法を紹介する．まずは，細かいことは抜きにしてどのような考え方かを紹介する．

（a） **統 計 量**　母平均が等しい二つの正規母集団から得られた標本のグループ A, B から計算された平均値や不偏分散を組み合わせたつぎの統計量 t は，自由度 ν の t 分布に従うことがわかっている．

$$t = \frac{\overline{x_A} - \overline{x_B}}{\sqrt{\dfrac{u_A^2}{n_A} + \dfrac{u_B^2}{n_B}}} \tag{8.10}$$

$$\nu = \frac{\left(\dfrac{u_A^2}{n_A} + \dfrac{u_B^2}{n_B}\right)^2}{\dfrac{\left(\dfrac{u_A^2}{n_A}\right)^2}{n_A - 1} + \dfrac{\left(\dfrac{u_B^2}{n_B}\right)^2}{n_B - 1}} \tag{8.11}$$

ここで n_A, n_B はグループ A, B のデータ数（標本の大きさ），$\overline{x_A}, \overline{x_B}$ はグループ A, B の平均値，u_A^2, u_B^2 は不偏分散を示す．

（b） **計　　算**　非常に細かい面倒くさそうな式である．ただ $\int$ や Γ がなく，根性を入れたら計算できそうな気がするので，やってみる．Excel をお持ちでない方はスキップしていただいてかまわない．

計算結果は $t \simeq 6.145$, $\nu \simeq 17.979$ となる．

シミュレーションブック**【8.3_母平均の差の検定】**をご覧ください（図 **8.3**）．計算間違いを避けるために，式の中に共通で出てくる細かい分数の形 u^2/n は別のセルで計算するとしよう．

そうすると，統計量 t は 6.1449$\cdots$（セル B16）となった．$\nu = 17.9790\cdots$ から，小数点以下を切り上げた自由度 18 の t 分布において 5％の有意水準をもたらす t 値は，両側検定ならば 2.101（セル B19），片側検定ならば 1.734（セル B20）である．問題がどちらを想定していようが，統計量 t はこれを超えて

[†] ステューデント，つまり学生なのだが，なぜここで「学生」が出てくるか，統計学では有名すぎるベタなうんちくなので，ここでは触れない．ぜひ検索してください．

8. 検　　　　定

	A	B	C	D
1		A	B	
2		170	160	
3		168	154	
4		170	162	
5		169	160	
6		179	151	
7		162	159	
8		172	148	
9		169	159	
10		169	150	
11		179	162	
12	標本の大きさ	10	10	
13	標本平均	170.7	156.5	
14	不偏分散	25.78889	27.61111	
15	S^2/n	2.578889	2.761111	
16	t	6.144941		
17	nu	17.97906		
18	整数化されたnu	18		
19	両側t(0.05,18)	2.100922		
20	片側t(0.05,18)	1.734064		
21				

図 **8.3**　Student の t 値の定義式を手計算で行った結果

いる。したがって，いずれの場合でも有意水準5%で2グループ間の身長に差はあるといえる。

8.3.2　Excel のツールで計算する

いままで内緒にしていたが，Excel には本書で紹介した統計検定のみならず，かなり広い分野をカバーする統計ツールが含まれている（**図 8.4**）。

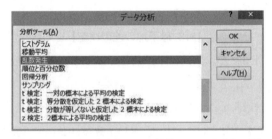

図 **8.4**　Excel に含まれている統計ツール（ごく一部）

データを選択して，検定方法を選択し，OK を押せば，分析結果の表がぱっと出てくるようになっている。しかし，勉強せずにこのツールを使っても

- 表の意味するところがわからない。

8.3 母平均の差の検定（標本の大きさが 30 未満のとき）：t 検定

- かりに表の見方を教えてもらっても，そのうちそもそもこれはなんなのだろうと，頭の中が？でいっぱいになってくる。
- 細かな問題設定を把握して適切なツールを使わないと，間違った解釈をしてしまう。

このように，あまり芳しくない結果になりがちである。

ただし，すでにみなさんは統計の勘どころはばっちり押さえているので，もう Excel のツールが自動的に生成した表を見てもその意味はわかるはずである。先の問題でやってみよう。

図 8.5 が Excel の t 検定ツールが出した結果だ。平均も分散も観測数もわかるね。さきほどの手計算とぴったり一致している。「プールされた分散」というのがなにを意味するのか，なにに使うのかわからないけれど，二つの不偏分散の平均をとってみるとぴったり一致した。仮説平均との差異，これは 0 になっている。二つのグループの間に差がないこと（= 0）を意味している。この辺の言葉遣いは本章の最後に任せて，いまは深入りしないでおこう。自由度もぴったり 18 だ。t 値も苦労して計算した値とぴったり。少し飛ばして t 境界値片側と t 境界値両側も `t.inv` や `t.inv.2T` で求めたものと同じ。

	E	F	G	H
	t-検定: 等分散を仮定した2標本による検定			
		変数 1	変数 2	
	平均	170.7	156.5	
	分散	25.78889	27.61111	
	観測数	10	10	
	プールされた分散	26.7		
	仮説平均との差異	0		
	自由度	18		
	t	6.144941		
	P(T<=t) 片側	4.19E-06		
	t 境界値 片側	1.734064		
	P(T<=t) 両側	8.39E-06		
	t 境界値 両側	2.100922		

図 8.5 t 検定ツールを使って例題 8.8 を解いた結果

という具合に，Excel はここまで出してくれるが，**結論についてはなにも語ってくれない**。一方，私たちは，いまや見るべきところ（変換された t 値，そし

てレアな領域とそうでない領域を分ける t 境界値)，そしてその比較によってどう結論づけるかがわかっている。とても満足ではないですか。

8.3.3　母平均の差が t 分布に従うことを確認する

いつものように検証作業をする。すなわち，式 (8.10) で変換された二つの標本平均の差が，式 (8.11) を自由度とする t 分布になるのか，という検証である。シミュレーションブック **【8.3_母平均の差の検定シミュレーション】**（図 **8.6**）を見てほしい。

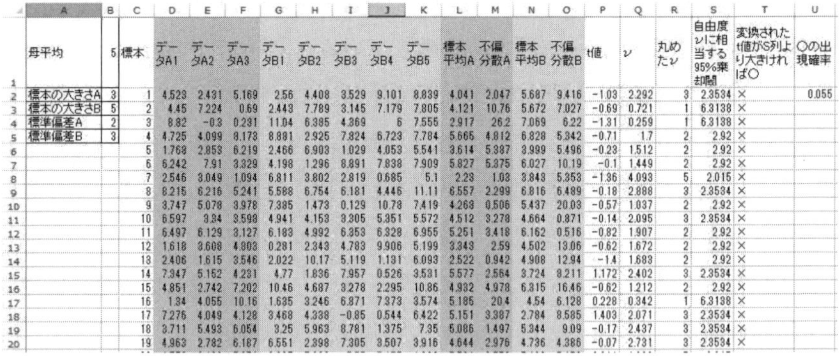

	A	B	C	D	E	F	G	H	I	J	K	L	M	N	O	P	Q	R	S	T	U
1	母平均	5	標本	データA1	データA2	データA3	データB1	データB2	データB3	データB4	データB5	標本平均A	不偏分散A	標本平均B	不偏分散B	t値	ν	丸めたν	自由度νに相当する95%棄却閾	変換されたt値がS列より大きければ○	○の出現確率
2	標本の大きさA	3	1	4.523	2.431	5.169	2.56	4.408	3.529	9.101	8.839	4.041	2.047	5.687	9.416	−1.03	2.292	3	2.3534	×	0.055
3	標本の大きさB	5	2	4.45	7.224	0.69	2.443	7.789	3.145	7.179	7.805	4.121	10.76	5.672	7.027	−0.69	0.721	1	6.3138	×	
4	標準偏差A	2	3	8.82	−0.3	0.231	11.04	6.385	4.369	6	7.555	2.917	26.2	7.069	6.22	−1.31	0.259	1	6.3138	×	
5	標準偏差B	3	4	4.725	4.099	8.173	8.881	2.925	7.824	6.723	7.784	5.665	4.812	6.828	5.342	−0.71	1.7	2	2.92	×	
6			5	1.768	2.853	6.219	2.466	6.903	1.029	4.053	5.541	3.614	5.387	3.999	5.496	−0.23	1.512	2	2.92	×	
7			6	6.242	7.91	3.329	4.198	1.296	8.891	7.838	7.909	5.827	5.375	6.027	10.19	−0.1	1.449	2	2.92	×	
8			7	2.546	3.049	1.094	6.811	3.802	2.819	0.685	5.1	2.23	1.03	3.843	5.353	−1.36	4.093	5	2.015	×	
9			8	8.215	6.216	5.241	5.588	6.754	6.181	4.446	11.11	6.557	2.299	6.816	6.489	−0.18	2.888	3	2.3534	×	
10			9	3.747	5.078	3.978	7.385	1.473	0.129	10.78	7.419	4.268	0.506	5.437	20.03	−0.57	1.037	2	2.92	×	
11			10	6.597	3.34	3.598	4.941	4.153	3.305	5.351	5.572	4.512	3.278	4.664	0.871	−0.14	2.095	3	2.3534	×	
12			11	6.497	6.129	3.127	6.183	4.992	6.353	6.328	6.955	5.251	3.418	6.162	0.516	−0.82	1.907	2	2.92	×	
13			12	1.618	3.608	4.803	0.281	2.343	4.783	9.906	5.199	3.343	2.59	4.502	13.06	−0.62	1.672	2	2.92	×	
14			13	2.406	1.615	3.546	2.022	10.17	5.119	1.131	6.093	2.522	0.942	4.908	12.94	−1.4	1.683	2	2.92	×	
15			14	7.347	5.152	4.231	4.77	1.836	7.957	0.526	3.531	5.577	2.564	3.724	8.211	1.172	2.402	3	2.3534	×	
16			15	4.851	2.742	7.202	10.46	4.687	3.278	2.295	10.86	4.932	4.978	6.315	16.46	−0.62	1.212	2	2.92	×	
17			16	1.34	4.055	10.16	1.635	3.246	6.871	7.373	3.574	5.185	20.4	4.54	6.128	0.228	0.342	1	6.3138	×	
18			17	7.276	4.049	4.128	3.468	4.338	−0.85	0.544	6.422	5.151	3.387	2.784	8.585	1.403	2.071	3	2.3534	×	
19			18	3.711	5.493	6.054	3.25	5.963	8.781	1.375	7.35	5.086	1.497	5.344	9.09	−0.17	2.437	3	2.3534	×	
20			19	4.963	2.782	6.187	6.551	2.398	7.305	3.507	3.916	4.644	2.976	4.736	4.386	−0.07	2.731	3	2.3534	×	

図 **8.6**　母平均の差の検定シミュレーション

前提条件として，以下を設定した。

- 二つの母集団 A と B は正規分布する。
- 二つの母集団 A と B で共通する平均値 μ を 5 とする。
- 母集団 A から取り出す標本の大きさを 3，母集団 B から取り出す標本の大きさを 5 とする。
- 母集団 A から取り出す標本の標準偏差を 2，母集団 B から取り出す標本の標準偏差を 3 とする。

以下にシミュレーションブックの内容を説明する。

(1)　母集団 A から標本を三つ，母集団 B から標本を五つ取り出す，という行為を 1000 回繰り返した（D〜K 列）。

8.3 母平均の差の検定（標本の大きさが 30 未満のとき）：t 検定

(2) 続いて 1000 組それぞれの標本に対して，標本平均と標本から求めた不偏分散を求めた（L〜O 列）。

(3) そして，求めた標本平均，不偏分散から式 (8.10) で変換された t 値，ν を求めた（P, Q 列）。ν はのちのちのために小数点 1 桁目を切り上げて整数とした（R 列）。

(4) 5％水準で検定をするために，S 列で自由度 ν（R 列）で定義される t 分布の棄却閾を求め，二つの標本平均の差の変換値（P 列）と大小比較をした結果を T 列で数えた。

(5) 1000 回中何回 ○ が出現するか，すなわち二つの標本平均が有意に大きい結果が何％発生するかを U 列で数えた。

F9 を何回か押して標本を取り直しても，だいたい 5％程度しか ○ は得られなかった。すなわち，母平均が等しい二つの母集団から取り出した標本の平均値が意味があるくらい離れることは，5％ぐらいの確率でしか発生しない，ということがわかった。

また，同じ Excel ファイルの右のほうでは，式 (8.10) で変換された t 値（P 列）が t 分布に従うことを確認した（図 **8.7**）。ここでの t 分布の理論値を定義

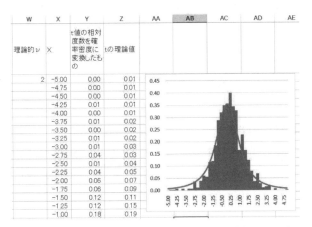

図 **8.7** 二つの母集団からの標本平均の差の変換値が t 分布になることの確認

する ν（セル W2）は，おおもとの標準偏差 A と B（セル B2, B3）を用いた。結果は，図 8.7 に示されるように，おおむね理論値（実線）と一致する。

8.3.4 補足：標本の大きさが 30 以上のとき

標本の大きさが 30 以上のとき，6 章で紹介したときと同様に，標本間の差も変換することで標準正規分布となる。したがって，t 分布を使う検定とは異なり，以下のように簡略化できる。

- 自由度の概念はいらない。
- 二つの母集団から得られた標本からの不偏分散 s_A^2, s_B^2 を，母集団の標準偏差 σ_A, σ_B として扱ってよい。

そして，標本平均の差を変換するための式は，式 (8.10) の s_A^2, s_B^2 を σ_A^2, σ_B^2 と置き換えただけになる。

$$z = \frac{\overline{x_A} - \overline{x_B}}{\sqrt{\dfrac{\sigma_A^2}{n_A} + \dfrac{\sigma_B^2}{n_B}}} \tag{8.12}$$

あとは，標準正規分布における 5 %（あるいは 1 %）の有意水準に相当する z 値を超えるかどうかを判定するだけでよい。問題例は章末問題を参考にされるとよい。

8.4 母比率の検定

8.4.1 統計量の手計算

本書でここまでに扱ってきた例は，すべてなんらかの具体的対象の計測値（身長，体重，長さ …）だった。しかし，手に入るデータが**比率のみ**ということがままある。

まずは例題を見てみよう。

例題 8.9 Aというサービスを使用している男女比は従来半々（50％ずつ）だといわれてきた。しかし，どうも女性の比率のほうが高いような印象である。そこで，100人にアンケート調査を行った結果，女性の使用率が59％という結果だった。この結果は統計的に女性のほうが多いことを示しているのだろうか。

この手の比率を扱った問題には，つぎのアプローチが有効である。

（a） 統　計　量　　母集団内で，ある特性に合致する対象の比率を p_0 とする。母集団から大きさ n の標本を抽出して，その標本内でさきほどの特性に合致する比率を $\overline{x}$ とするとき，つぎの変換式で求められる値 z は**標準正規分布**に従う。

$$z = \frac{\overline{x} - p_0}{\sqrt{\dfrac{p_0(1 - p_0)}{n}}} \tag{8.13}$$

（b） 計　　　算　　先の例題では，もともとの比率すなわち**母比率**は $p_0 = 0.5$，今回の調査内での女性の比率すなわち**標本比率**は $\overline{x} = 0.59$，標本の大きさは $n = 100$ ということになる。さきほどの変換式にこれらの値を代入してみよう。

$$z = \frac{0.59 - 0.5}{\sqrt{\dfrac{0.5 \times (1 - 0.5)}{100}}} \tag{8.14}$$

となって，$z = 1.8$ である。

さて，この値はなにを意味しているのだろうか。さきほどの定義によれば，変換値は標準正規分布を構成するとのことである。ならば，標準正規分布で 1.8 という値がどれぐらいレアなのかを考えればよい。

標準正規分布を $-\infty$ から 1.8 まで積分すれば，面積は約 0.964 となり，95％を超えて右側の裾野 5％の領域に入るような値であることがわかる。したがって，59％という値は統計的に意味のある大きな比率だといえる。

補題 8.6

Excel によるこの面積の求め方は，以下のとおり．

$$\mathtt{norm.dist}(1.8, 0, 1, 1) \simeq 0.964 \tag{8.15}$$

8.4.2 Excel シミュレーションによる確認

例によって，シミュレーションで先ほどの定義が本当に成り立つかどうかを確かめておこう．

シミュレーションブック【8.4_母比率の検定】を参照していただきたい（図 8.8 はその一部）．

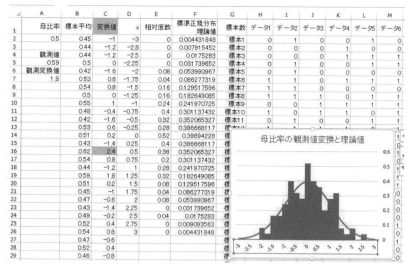

	A	B	C	D	E	F	G	H	I	J	K	L	M
1	母比率	標本平均	変換値	x	相対度数	標準正規分布理論値	標本数	データ1	データ2	データ3	データ4	データ5	データ6
2	0.5	0.45	-1	-3	0	0.004431848	標本1	0	1	0	1	0
3		0.44	-1.2	-2.8	0	0.007915452	標本2	0	0	1	0	1
4	観測値	0.44	-1.2	-2.5	0	0.0175283	標本3	0	0	1	1	1
5	0.59	0.5	0	-2.25	0	0.031739652	標本4	0	1	0	1	1
6	観測変換値	0.42	-1.6	-2	0.08	0.053990967	標本5	0	1	0	0	0
7	1.8	0.53	0.6	-1.75	0.04	0.086277319	標本6	1	1	0	1	1
8		0.54	0.8	-1.5	0.16	0.129517596	標本7	1	1	1	0	1
9		0.5	0	-1.25	0.16	0.182649085	標本8	1	1	1	1	1
10		0.55	1	-1	0.24	0.241970725	標本9	0	0	1	1	1
11		0.48	-0.4	-0.75	0.4	0.301137432	標本10	1	0	1	1	0
12		0.42	-1.6	-0.5	0.32	0.352065327	標本11	0	1	1	0	1
13		0.53	0.6	-0.25	0.28	0.386668117						
14		0.51	0.2	0	0.52	0.39894228						
15		0.43	-1.4	0.25	0.4	0.386668117						
16		0.62	2.4	0.5	0.36	0.352065327						
17		0.54	0.8	0.75	0.2	0.301137432						
18		0.44	-1.2	1	0.28	0.241970725						
19		0.59	1.8	1.25	0.32	0.182649085						
20		0.51	0.2	1.5	0.08	0.129517596						
21		0.45	-1	1.75	0.04	0.086277319						
22		0.47	-0.6	2	0.08	0.053990967						
23		0.43	-1.4	2.25	0	0.031739652						
24		0.49	-0.2	2.5	0.04	0.0175283						
25		0.52	0.4	2.75	0	0.009093563						
26		0.54	0.8	3	0	0.004431848						
27		0.47	-0.6										
28		0.52	0.4										
29		0.46	-0.8										

図 8.8 母比率の検定シミュレーション（一部）

内容を詳しく見ていこう．

(1) A2 に母比率を入力する．

(2) A5 に観測された比率を入力する．

(3) A7 には観測された比率が，式 (8.13) によって自動的に変換されて入力される．

(4) H2 から DC2 まで延々 100 個のセルに,「もし 0〜1 の乱数がセル A2 の母比率より小さければ 1, そうでなければ 0 を入力」という if 文を入力した.これによって,母比率に従った大きさ 100 の標本を一組得たことになる.

(5) H3 から下で 99 回,先ほどのシミュレーションを繰り返した.

(6) B 列は,標本 1 から標本 100 までの各行内で,何回 1 が立ったか(すなわち母比率を満たす出来事が何回発生したか)の比率を求めた.

(7) C 列は先の定義式に基づく B 列の変換値である.A7 を上回るセルはピンクに色づけされている.

というわけで,C 列の変換値が標準正規分布になることが示されれば,確認は終了である.グラフを見ていただければ,だいたい理論値(実線)と一致していることがわかるだろう.

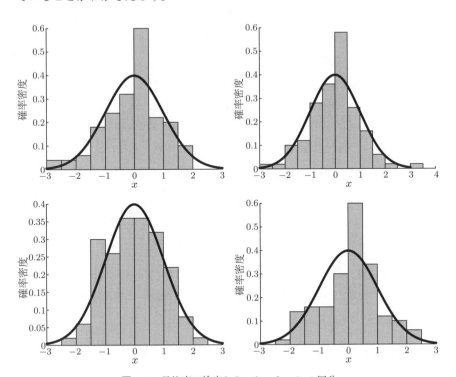

図 8.9 母比率の検定シミュレーション 4 回分

4回ほどF9を押してシミュレーションを繰り返した結果を，**図8.9**に紹介しておく。

また，何回かシミュレーションしても，ピンクに塗られたセル（変換値が観測変換値を上回る箇所）は100回中せいぜい5回ぐらいであることがわかる。

8.5 母比率の差の検定

8.5.1 統計量の手計算

続いて二つのグループの比率が統計的に差があることを確かめる手法について紹介する。

例題 8.10 新しいラーメンを開発し，東京と大阪で試食会を行った。東京では950人，大阪では860人が参加した。このラーメンがおいしいと思った人数を調べた結果，それぞれ350人，275人であった。東京と大阪間で支持率に差があるといえるか？

例題を整理したものを**表 8.2**に示す。調査結果そのものの数値が異なるが，これはもちろん東京と大阪での参加者数が異なるためである。このようなとき，公平な比較は全数で割った比率で行うことは納得していただけるだろう。

表 8.2 例題を整理したもの

	全数	支持者	比率
東京	950	350	0.3684
大阪	860	275	0.3198

（a）統計量 二つのグループから得られた標本の大きさを m, n とし，それらの比率が p_1, p_2 であるとき，つぎの統計量 z は**標準正規分布**に従うことがわかっている。

$$z = \frac{p_1 - p_2}{\sqrt{p(1-p)\left(\frac{1}{m} + \frac{1}{n}\right)}} \tag{8.16}$$

分子である $p_1 - p_2$ が正になるように，データの順番は適宜変えてよい。
ただし

$$p = \frac{p_1 m + p_2 n}{m + n} \tag{8.17}$$

である。

（b）計算 ということで，この変換式に問題の数値を代入してみる。

$$p = \frac{0.3684 \times 950 + 0.3198 \times 860}{950 + 860} \simeq 0.345 \tag{8.18}$$

$$z = \frac{0.3684 - 0.3198}{\sqrt{0.345(1 - 0.345)\left(\dfrac{1}{950} + \dfrac{1}{860}\right)}} \simeq 2.174 \tag{8.19}$$

東京，大阪で差があるかどうかの検定なのだから，これは**両側検定**である。したがって，左右それぞれの裾野の面積が 2.5％ずつになるように，標準正規分布の中央に 95％のエリアを配置することを考える。すると，境界となる z の値は $z \simeq 1.959$ なので，変換値はこれを上回る。結論として，東京・大阪間で新しいラーメンへの支持率には差がある，ということになる。

補題 8.7

Excel によるこの境界値の求め方は，以下のとおり。

$$\texttt{norm.inv}(0.975, 0, 1) \simeq 1.959 \tag{8.20}$$

8.5.2 Excel シミュレーションによる確認

続いて，変換値が標準正規分布になることをシミュレーションで確かめる（シミュレーションブック**【8.5_母比率の差の検定】**）。

(1) 1 回の観測で二つのグループ A, B からそれぞれ大きさ 50 と 40 の標本を得たと考える（**図 8.10** 参照）。すなわち

146　　8. 検　　　　　定

	A	B	C	D	E	F	G	H
1		A1	A2	A3	A4	A5	A6	A7
2	標本1	0.534737	0.545481	0.289786	0.47968	0.05486	0.772742	0.410798
3	標本2	0.131311	0.610507	0.689915	0.21167	0.256713	0.871714	0.942492
4	標本3	0.587374	0.840923	0.227576	0.700931	0.143967	0.232295	0.937072
5	標本4	0.469762	0.695943	0.522614	0.728779	0.735192	0.191496	0.454632
6	標本5	0.492757	0.611198	0.944971	0.044047	0.524109	0.454929	0.307758
7	標本6	0.850962	0.391599	0.239963	0.714076	0.612954	0.290115	0.922529
8	標本7	0.065345	0.244159	0.801181	0.184447	0.775567	0.379831	0.665079
9	標本8	0.521299	0.077456	0.055177	0.843351	0.50396	0.839884	0.217802
10	標本9	0.48459	0.766454	0.414302	0.020725	0.525993	0.959661	0.641057
11	標本10	0.218342	0.843137	0.969099	0.141591	0.904885	0.311434	0.733815
12	標本11	0.907967	0.118053	0.148521	0.956438	0.844569	0.745777	0.594243
13	標本12	0.614926	0.123703	0.117106	0.722681	0.060022	0.690798	0.86188
14	標本13	0.311537	0.963707	0.775643	0.806471	0.581802	0.469493	0.952615
15	標本14	0.989042	0.422591	0.001589	0.043435	0.055161	0.304996	0.451409
16	標本15	0.777047	0.085413	0.380776	0.234231	0.683509	0.844328	0.950053
17	標本16	0.921116	0.10962	0.779285	0.763078	0.831107	0.107806	0.303457

図 **8.10**　母比率の差の検定のための素データ

- B2〜AY2：グループ A からの大きさ 50 の標本
- AZ2〜CM2：グループ B からの大きさ 40 の標本

であり，まずはすべて 0〜1 の範囲で乱数を生成する．そしてこの観測を 1000 回行ったとしよう（3 行目以降 1001 行目まで）．

(2) つぎに，母比率の設定をする（図 **8.11** 参照）．

- CP1：グループ A からの標本が持つ比率（この例では 0.3）
- CP2：グループ B からの標本が持つ比率（この例では 0.31）

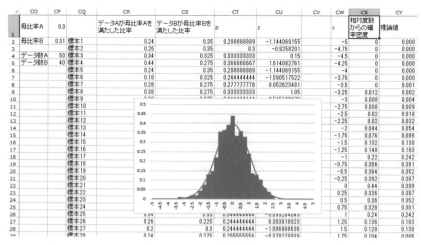

図 **8.11**　母比率を満たす素データの比率と変換値および結果の度数分布

8.5 母比率の差の検定

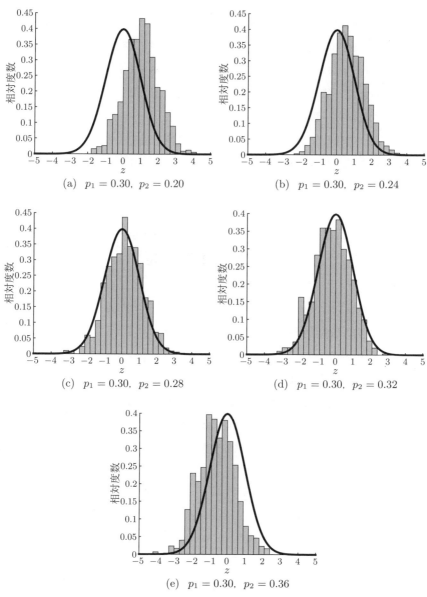

図 8.12 母比率を変化させたときの正規分布のフィッティングのシミュレーション。一方の比率を 0.3 に固定し、他方を 0.2 から 0.36 まで 0.4 刻みで変化させた。

(3) そして，先ほどのランダムデータ群がこれらの母比率を満たす（母比率未満となる）比率を，1000 組の標本それぞれに対して計算する（CR, CS 列）。

(4) これで 1 回の観測におけるデータとしての比率が求められたので，変換式（式 (8.16) および式 (8.17)）に従って p 値と z 値を計算する（CT, CU 列）。

(5) 得られた z 値の相対度数分布を求め，理論的な相対度数との比較をすると，大まかに一致することが確かめられた。

なお，二つの母比率 A と B に著しく異なる値を設定すると，変換値は標準正規分布から外れる（図 8.12）。すなわち，二つの母比率が離れていくに従って，そのような二つの母集団から得られた母比率は，統計的に有意に異なることが示されている。

8.6　カイ 2 乗検定

「適合度検定」ともいう。母分散の推定のところで出てきたカイ 2 乗分布の使い道として，非常に有名な検定手法を紹介する。

8.6.1　統計量の手計算

これは，観測された頻度分布が理論分布と同じかどうかの検定である。男女別の人口，血液型別の人口，サイコロの出目回数など，カテゴリーに分類する観測がターゲットだ。まずは具体例で理解してほしい。計算自体は非常に簡単なものである。

ここでは男女別人口[†]を例にとろう。

例題 8.11　2011 年の男女比は 91.9 対 100 なのだそうだ。合計が 100 になるように正規化すると，おおよそ 48 対 52 となる。これを 理論分布 とする。さて，ある条件下（特定の地域，特定のグループ，特定の時代）で男女比が 45 対 55 だったとしよう。これが 観測された頻度分布 である。こ

[†] 「年次統計」より（巻末の「参考書籍およびウェブページ」参照）。

の観測結果が理論と一致するかどうかを，5％の有意水準でカイ2乗検定によって確かめよ．

(**a**) **統　計　量**　　n個のカテゴリーが含む度数は，以下の変換式によって**カイ2乗分布**に従うことが知られている（この表現方法，もう慣れましたよね）．

$$\chi^2 = \frac{(O_1-E_1)^2}{E_1} + \frac{(O_2-E_2)^2}{E_2} + \cdots + \frac{(O_n-E_n)^2}{E_n} \tag{8.21}$$

ここで，O はカテゴリーが実際に含む観測結果であり，E はカテゴリーが含むべき理論値である[†]．

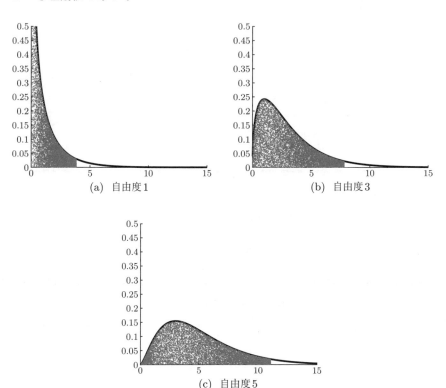

図 **8.13**　自由度が 1, 3, 5 のときのカイ2乗分布片側5％の領域（右の白い裾野）

[†]　O は観測すなわち <u>o</u>bservation，E は理論から「期待される」すなわち <u>e</u>xpected である．

この変換値 χ^2 は，観測結果が理論値とぴったり一致すれば 0 になる[†]。逆に，理論的な比率から離れるほど大きな値になる。ということは，**カイ 2 乗検定は変換値が有意に大きい異常値かどうかを検定することとなり，これは片側検定である**。したがって，有意水準 5％で検定する場合はカイ 2 乗分布の左側に 95％の面積をとり，右側の裾野の面積を 5％にする（**図 8.13**）ような横軸の値を基準として，変換値の大小を考えればよい。

（ b ）計　　算　　さきほどの統計量の式 (8.21) に，問題で与えられた数値を代入していく。

$$\chi^2 = \frac{(45-48)^2}{48} + \frac{(55-52)^2}{52} \simeq 0.361 \tag{8.22}$$

ところで，カイ 2 乗分布は，自由度を与えないと分布が決まらない。自由度 df はカテゴリーの数から 1 を引いたものである。男女別人口の問題ならば $df = 2 - 1 = 1$ となる。

そこで，自由度 1 のカイ 2 乗分布において，左側に 95％の面積をとるためには，$-\infty$ からいくつまで積分すればよいかを計算すると，3.841 となる。

補題 8.8

Excel によるこの境界値の求め方は，以下のとおり。

$$\mathtt{chisq.inv}(0.95, 1) \simeq 3.841 \tag{8.23}$$

観測結果の変換値は約 0.361 と，遠くこれに及ばない。したがって，45 対 55 という男女比はよくある範囲に落ち着き，このデータを与えた集団の男女比は日本ではありふれたものと結論される。

8.6.2　Excel シミュレーションによる確認

続いて，変換式 (8.21) がカイ 2 乗分布を形作るのか，シミュレーションで

[†] だって式 (8.21) の分子がすべて 0 になるから。

8.6 カイ 2 乗検定　　151

確認する。シミュレーションブック【8.6_カイ2乗検定】をご覧ください。3通りのシミュレーションを行ったため，非常に広大なワークシートになってしまった。

シミュレーションブックの内容は以下のとおり。

(1) まず，セル A1 から 1000 行 × 100 列の巨大なランダムデータを生成する（図 8.14）。これが想定しているのは，「1 回の観測で 0〜1 の範囲となる大きさ 100 の標本を得る」，そして「その観測を 1000 回行った」というものである。

	A	B	C	D	E	F	G	H
1		データ1	データ2	データ3	データ4	データ5	データ6	データ7
2	観測1	0.908662545	0.625346256	0.992249024	0.577958351	0.576855078	0.968352962	0.331512226
3	観測2	0.596854804	0.594755977	0.769452896	0.568045955	0.050123114	0.095983394	0.845653364
4	観測3	0.370387304	0.400300396	0.044578489	0.481913864	0.558134031	0.979037832	0.94496969
5	観測4	0.808308608	0.156994785	0.987557578	0.089024811	0.182546306	0.952663851	0.796167622
6	観測5	0.233194638	0.663364733	0.611309447	0.779689446	0.681543565	0.667366442	0.521379541
7	観測6	0.378306599	0.198268006	0.22442242	0.681844095	0.299182795	0.016447602	0.141386063
8	観測7	0.286723314	0.693564232	0.208927965	0.582211072	0.046560893	0.078407682	0.429108649
9	観測8	0.078652893	0.827793001	0.52727265	0.436769968	0.598672379	0.765504609	0.466049113
10	観測9	0.870179314	0.798161274	0.22784671	0.751626065	0.070835466	0.467459727	0.168679762
11	観測10	0.604072614	0.973814567	0.294072457	0.811368313	0.09853566	0.001289889	0.926928381
12	観測11	0.052722468	0.223449661	0.04735913	0.473167664	0.68971432	0.937041548	0.905324577
13	観測12	0.651988132	0.734847906	0.536820693	0.487378402	0.968894838	0.288736161	0.988965494
14	観測13	0.039955763	0.580499098	0.450529469	0.815562578	0.348181811	0.178783528	0.719202592
15	観測14	0.862779243	0.809683454	0.883389741	0.500779929	0.803651649	0.958973096	0.215696534
16	観測15	0.994378726	0.672026291	0.444993292	0.801534001	0.0492771	0.80159191	0.783684326
17	観測16	0.379851849	0.973803065	0.62919369	0.164741762	0.016436125	0.705080475	0.422254336
18	観測17	0.491003489	0.324550356	0.990524488	0.806677366	0.279627084	0.377739139	0.538968555

図 8.14　シミュレーションのためのデータ

(2) まずはカテゴリー数が 2 のときを考えてみたい。さきほどは男女比という設定だったが，今回はコインを投げたときの裏表の出方をテーマとしよう。1 回の観測で 100 回コインを投げ（セル B2〜CW2），裏表の出方を数える，という観測を 1000 回行う。

(3) 100 回中裏表が何回ずつ出たかを，CZ, DA 列で求める（図 8.15）。100個の乱数それぞれについて，0.5 未満ならば表，0.5 以上 1 未満ならば裏としてカウントする。この結果は，1000 回の観測それぞれにおいてだいたい 50 対 50 になることもあれば，40 対 60 と偏った結果になることもある。

(4) いまから，それぞれの比率結果を式 (8.21) で変換する。裏表の出方の理論値はもちろん 100 回中 50 回と 50 回になるはずだ（DC1, DD2）。

152　　　8. 検　　　　定

	CY	CZ	DA	DB	DC	DD	DE	DF	DG	DH		DI
	カテゴリー数2のとき	0〜0.5	0.5〜1	理論値	50	50	Z		x	Zの相対度数		自由度1のカイ二乗理論値
観測1		38	62	2乗誤差1	144	144	5.76		1	0.739		0.241970725
観測2		52	48	2乗誤差2	4	4	0.16		2	0.143		0.103776874
観測3		52	48	2乗誤差3	4	4	0.16		3	0.039		0.051393443
観測4		52	48	2乗誤差4	4	4	0.16		4	0.047		0.026995483
観測5		43	57	2乗誤差5	49	49	1.96		5	0.009		0.014644983
観測6		51	49	2乗誤差6	1	1	0.04		6	0.01		0.008108696
観測7		56	44	2乗誤差7	36	36	1.44		7	0.006		0.004553343
観測8		51	49	2乗誤差8	1	1	0.04		8	0.003		0.002583373
観測9		52	48	2乗誤差9	4	4	0.16		9	0.003		0.001477283
観測10							36		10	0		0.000850037
観測11							04		11	0.001		0.00049158
観測12							64		12	0		0.000285465
観測13							44		13	0		0.000166351
観測14							44		14	0		9.72265E-05
観測15							36		15	0		5.69713E-05
観測16							64		16	0		3.34576E-05
観測17							56		17	0		1.96871E-05
観測18							0		18	0		1.16044E-05
観測19							24		19	0		6.85071E-06
観測20							1		20	0		4.04996E-06
観測21							04					
観測22							36					
観測23							1					
観測24							76					
観測25							64					
観測26		54	46	2乗誤差26	16	16	0.64					

図 8.15　カテゴリー数を二つと考えたときのシミュレーション

(5) これらを CZ 列と DA 列から引いて 2 乗する（DC, DD 列 2 行目以下）。

(6) 2 乗値を理論値で割って，足す（DE 列）。

(7) ポイントは，**DE 列に変換された 1000 個の値が自由度 1 のカイ 2 乗分布に従うかどうか**，である。DH 列で関数 frequency により相対度数を求め[†1]，DI 列で理論値を関数 chisq.dist により求めた。

はたして，F9 を何回か押して乱数を振り直しても，ほぼフィットする結果が得られた。

以下，DK 列からはカテゴリー数が 4 の公平なサイコロ[†2]，EA 列からはおなじみの六つの目が出るサイコロに関してシミュレーションを行った（**図 8.16**）。いずれもきれいにカイ 2 乗分布を再現することがわかった。

このシミュレーションは，カテゴリーごとに均等な理論値に沿ったデータが得られることを前提としたものである。もちろんいびつな振り分けの理論値を設定し，それに応じた乱数の振り分けを行ってもうまくいく。興味のある読者は，自分でシミュレーションブックを改造して試してみるとよい。

[†1]　付録参照。
[†2]　あまりなじみがないが，正四面体のサイコロというものが存在する。

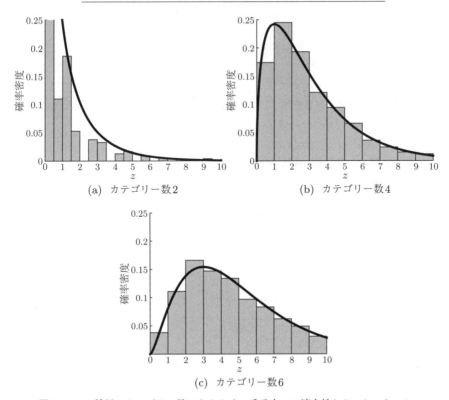

図 8.16　3 種類のカテゴリー数によるカイ 2 乗分布への適合性シミュレーション

8.7　試験で ○ がもらえる検定の答案の書き方について

8.7.1　例題と解答

本章では，ここまで問題に対する答えの書き方について，お約束的な表記法の説明を先延ばしにしてきた。それは，専門用語の概念を学ぶことがストーリーの展開の邪魔になったからである。本節において，一般的な教科書で示されている解答の書き方を紹介する。

例題 8.12　ある部品の規格上の重さは，平均 $\mu = 350\,\mathrm{g}$, 標準偏差 $\sigma = 2.5\,\mathrm{g}$ の正規分布をなす。今回の抜き取り調査で $x = 345\,\mathrm{g}$ の製品が見つかった。

製造工程上，この部品の重量を軽くするような事態が発生したと考えるべきか．有意水準5％で検定せよ．

まずは模範的な解答例を記す．
【解答】 **帰無仮説**と**対立仮説**は以下のとおり．
  帰無仮説 $H_0 : x = \mu$
  対立仮説 $H_1 : x \leq \mu$
有意水準5％での片側**棄却閾**の絶対値は

$$P(\geq |z|) = 0.05$$

になる z，すなわち

$$z_{|0.05|} = 1.64$$

である．
本問は，負値を検討しているので，棄却閾の点は

$$z_{-0.05} = -1.64$$

である．
一方，計測値345gを正規化すると

$$z = \frac{x - \mu}{\sigma} = \frac{345 - 350}{2.5} = -2.0$$

となる．
したがって，計測値は棄却閾に入っているので，H_0 は棄却される．
結論．有意水準5％で，部品重量は有意に母平均より小さい． ◇

以下，ゴシック体にしたキーワードについて解説を行う．意味さえわかってしまえば，あとはこの模範解答をテンプレートにして，機械的に数値を置き換えていくだけでよい．

8.7.2 有 意 水 準

「検定」におけるほとんどの問題で，5％もしくは1％という数値が用いられる．

8.7 試験で ○ がもらえる検定の答案の書き方について　　155

推定の章で出てきた**信頼係数の裏返し**の概念である。信頼係数では 95％ もしくは 99％ という数値が出てきた。イメージとしては，母平均 μ を含めるような**ありがちな範囲**を求める問題が推定である。

一方，検定の問題のイメージとは，実験結果がさきほどのありがちな範囲に含まれない**珍しい数値**かどうかを判断する問題である。したがって，ありがちな範囲 95，99％ を 100％ から引いた残りの 5，1％ を，判断の基準にするわけである。

8.7.3　帰無仮説と対立仮説

統計検定では，実験結果をもって，**これはすごい数値に違いない！というダイレクトな心意気で判断しない**。なんとも回りくどい考え方であるが，まず得られた結果は従来のものと変わらない，という仮説を立てる。これが解答 1 行目の**帰無仮説**であり，$H_0 : x = \mu$ と書く。つまり，すべて帰無仮説は $H_0 : x = \mu$ である。一所懸命実験した結果がいままでと変わらなかったなんて，**できれば無に帰ってほしい仮説**，ということで帰無仮説という。H は hypothesis（仮説）の頭文字だ。添字の 0 か 1 は，この仮説が帰無仮説か，つぎの対立仮説かを表す。

さて，それに対して，本当に主張したい仮説が**対立仮説**である。ここで大事なことは，この検定が両側検定なのか，片側検定なのかを明記することだ。この例題では，「部品の重量を**軽くする**ような事態が発生したと考えるべきか」を検証したいのだから，データ x が母平均 μ より小さいこと，すなわち $x \leq \mu$ が対立仮説となる。

逆に母平均より大きいことを検証する片側検定ならば $H_1 : x \geq \mu$ と書くし，データ x と母平均 μ の大小関係は問わない，とにかく異なることを主張したい両側検定ならば $H_1 : x \neq \mu$ と記載する。

8.7.4　棄　却　閾

標準正規分布において，有意水準 5％ ということは
- 両側検定： 中央に 95％ の領域をとる，すなわち左右それぞれの裾野の

面積が 2.5% となること
- 片側検定：左右どちらかの裾野だけに 5% の面積を残すこと

を意味している．したがって，それぞれの面積を定義する $-\infty$ からの積分区間は，もはやおなじみであるが，以下のとおりの計算で求められる．

- 両側検定：`norm.inv`$(0.975, 0, 1) \simeq 1.959$
- 片側検定上側：`norm.inv`$(0.95, 0, 1) \simeq 1.645$
- 片側検定下側：`norm.inv`$(0.05, 0, 1) \simeq -1.645$

これが標準正規分布において「ありがちな範囲」と「珍しい範囲」の境界線となる横軸上での z の値である．これを棄却閾と呼ぶ．

「棄却閾に入った」という表現は，正規化された計測結果が棄却閾より大きい（片側検定で負方向なら小さい）ことを意味する．

セルフチェックリスト

(1) 問題文から両側検定と片側検定の違いを読み取れるようになったか．
(2) いずれの検定においても，けっきょくデータを決められた方法で変換し，それが従う分布の中でレアな領域に入るかどうかを判断することであることを理解したか．
(3) 各種統計量が，確かに決められた分布に従うことをシミュレーションで確認したか．
(4) 各種検定の問題が設定している条件に応じた模擬データを作成することができるか．

章末問題

【1】 日本全国のワンルームマンションの家賃は，平均 50000 円，標準偏差 1200 円の正規分布となることがわかっている．A 市は地価が高く，家賃も全国平均よりも高いと考えられている．調査の結果，平均 52000 円だった．有意水準

5％で，A市の家賃が全国平均より高いかどうかを検定せよ．

【2】ある食品に含まれる ◯◯ 成分は平均 60 mg，標準偏差 1 mg の条件を満たさなければならないと定められている．ある日，出荷予定のこの食品 100 個を抽出検査した結果，平均が 60.2 mg であったとき，この日出荷予定の品は規格の範囲内にあるといえるか．有意水準 5％で検定せよ．

【3】ある実のなる植物の種が多数入った袋がある．これを 2 群に分けて，別々の畑にまき，育てた．収穫時に，それぞれ 100 個の実を収穫し，重さを測定したところ，畑 A の実は平均 200 g，標準偏差 30 g，畑 B の実は平均 210 g，標準偏差 40 g であった．畑 B のほうが良く育っているといえるか．$\alpha = 0.05$ で検定せよ．

【4】サイコロを 100 回投げたところ，6 の目が 24 回出た．このサイコロの 6 の目の出る確率は 1/6 といってよいか．5％水準で検定せよ[†]．

【5】ある調査結果から，醤油ラーメンを専門とする店は関東で 3000 軒中 75％，関西で 3500 軒中 73％であることがわかった．この結果から，関東のほうが醤油ラーメンの支持率が高いことを有意水準 1％で検定せよ．

【6】日本人の血液型分布は Wikipedia によると，A 型が 40％，B 型が 20％，O 型が 30％，AB 型が 10％とのことである．一方，◯◯ 県での血液型分布を調べてみると，A 型が 45％，B 型が 15％，O 型が 22％，AB 型が 18％となった．◯◯ 県の分布は日本全国の分布に比べて異なっているかを 5％有意水準で検定せよ．

[†] http://next1.msi.sk.shibaura-it.ac.jp/MULTIMEDIA/probandstat/node36.html より改題．

付　　録

ここでは Excel のシミュレーションブックの利用法，Excel 自体の操作方法，あるいは関数の意味に特化した内容についてまとめる。

A.1　Excel によるシミュレーションブックについて

A.1.1　動　作　環　境
本書で紹介したすべての理論は，それが確かに成り立つかどうかを Microsoft 社の表計算ソフト Excel を用いてシミュレーションした。Excel にはさまざまなバージョンがあるが，Excel2010 と Excel2013 で検証を行った。

A.1.2　ダウンロード
シミュレーションブックはコロナ社のサーバ上にアップロードしてある。以下の URL よりダウンロードが可能です。

　　　　http://www.coronasha.co.jp/static/06112/index.html

将来，筆者がシミュレーションブックを修正する可能性があるので，更新履歴を確認の上，最新版をご使用ください。

A.1.3　Excel の使用について
本書では，特に Excel を自分で操作することは読者に求めていない。ほとんどの場合，できあがったグラフを見て，確かに本文にあるとおりの分布形状が描かれていることさえ確認できればよしとしている。ただし，三つだけお願いがある。
(1) F9 キーを押すことによるシミュレーションのし直し。

　　最も大事なことは，読者がキーボードの一番上段にある "F9" キーを何回か押すことである（図 A.1）。F9 キーを押すことによって，Excel はシートを再計算し，ランダムな数値を取得し直す。何千，何万というランダムデータが一斉に再ランダム化されるのである。しかし，それに基づいて表示されるグラフの特徴はほとんど変化しない。すなわち，データの個々の値は変わっても，データ全体の

A.1 Excel によるシミュレーションブックについて

図 A.1 F9 キーを押すと，データがそっくり再ランダム化される。

傾向は変わらず，これによって統計の理論が正しいことが確認できる，という次第である。

(2) パラメータの再設定。

いくつかのシミュレーションブックでは，条件設定となるパラメータを入力するセルが最大で 4, 5 個ある。その数値を変えることで，グラフが変化する。本文内でも触れているが，ほんのわずかな手間であるので，ぜひさまざまな値を入力して，グラフがどのように変わるかを実験して（遊んで）もらいたい。例えば，図 A.2 に示すシミュレーションブックは，セル H1 にだいたい 150 から 190 の範囲の数値を入力すると，正規分布曲線を $-\infty$ から H1 の数値まで積分した結果，すなわち面積が点々で示されるというものだ。

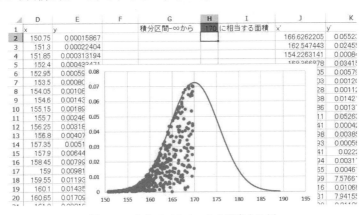

図 A.2 自分でパラメータを設定する例

(3) ####と表示されたときは。

計算結果によっては，セルの表示が####となるときがある。これはセルの列幅が狭いことによるものである。マウスドラッグにより列幅を広げていただきたい。

A.2 Excelを使った度数分布の求め方

シミュレーションブック【A.2_度数分布練習問題】を参照いただきたい。おそらく読者がいまだかつてExcelで経験したことのない操作方法が必要だが，慣れてしまえば簡単だ[†1]。

A.2.1 データ範囲を確認する

区間を用意するためにデータ範囲を確認する。30個ぐらいのデータならば目で見てわかるかもしれないが，100個，1000個となると最小値や最大値を探し出すのは面倒だ。関数 min, max を使おう（図 A.3）。この関数はデータ範囲を指定するだけで，最小値や最大値を表示してくれる。B列の中での最小値を探す場合は =min(B:B) とすればよい[†2]。

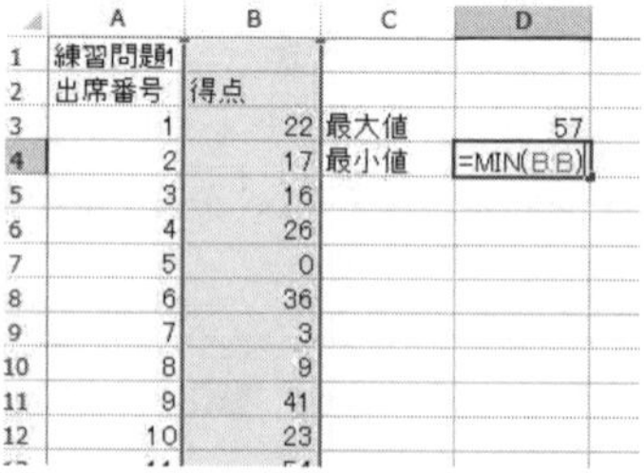

図 A.3 データ範囲の確認

A.2.2 区間を設定する

つぎに区間を設定する。何点刻みにするかは，広すぎても狭すぎてもいただけない。特に決まりがあるわけではなく，臨機応変に設定しよう。なお，Excelが必要とする情報は，区間の上限だけでよい。図 A.4 のように入力すれば，0点以上9点以下，10

[†1] なお，Excel関数の名称は大文字，小文字どちらで入力してもよいのだが，本書では average, var のように小文字で記す。Excelのセルの中では自動的に大文字に変換される。

[†2] もちろんデータ範囲をきちんと =min(B3:B32) のように指定してもよいが，B列を丸ごと選択するときは =min(B:B) という記法のほうが手間が省けるという次第。セルB1の上の列見出し「B」をクリックすると B:B が一発で入力できる。

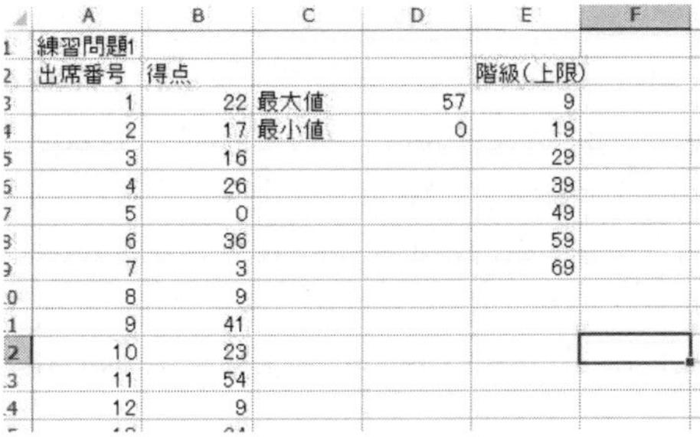

	A	B	C	D	E	F
1	練習問題1					
2	出席番号	得点			階級(上限)	
3	1	22	最大値	57	9	
4	2	17	最小値	0	19	
5	3	16			29	
6	4	26			39	
7	5	0			49	
8	6	36			59	
9	7	3			69	
10	8	9				
11	9	41				
12	10	23				
13	11	54				
14	12	9				

図 A.4 区間の設定（E 列）

点以上 19 点以下 …，という範囲をカウントしてくれる†。

A.2.3 度数を出力する範囲を選択する

マウスドラッグで度数を出力する範囲をすべて選択する。**図 A.5** のような状態でマウスのボタンから手をいったん離す。一つのセルに関数を入れて，あとでオートフィルをする癖がついている人（ほとんどの人がそうだが）は要注意だ。とにかく，ボタンから手を離したときに，図と同じような状態になっているかどうかを確認してほしい。

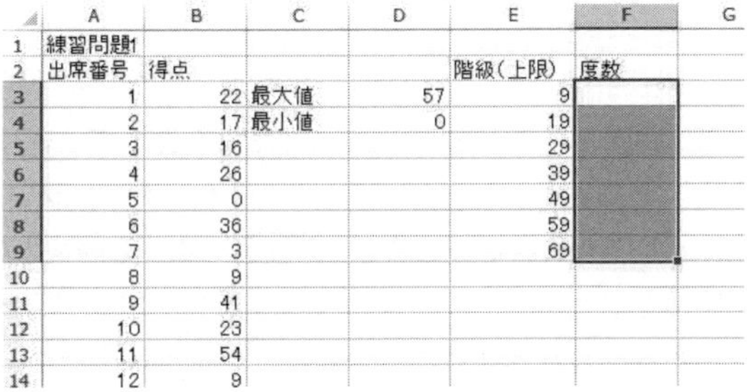

	A	B	C	D	E	F	G
1	練習問題1						
2	出席番号	得点			階級(上限)	度数	
3	1	22	最大値	57	9		
4	2	17	最小値	0	19		
5	3	16			29		
6	4	26			39		
7	5	0			49		
8	6	36			59		
9	7	3			69		
10	8	9					
11	9	41					
12	10	23					
13	11	54					
14	12	9					

図 A.5 出力範囲の選択。この場合 F3 が白く，F4 から F9 が灰色になっていなければならない。

† この例では 1 点刻みのテストの点数なのでこのような説明だが，連続変量を対象にする場合，区間上限・下限にぴったり一致する数値がどちらの区間に含まれるかの考え方は，以下のようになる。三つの区間 I_1, I_2, I_3 に与えられた上限を x_1, x_2, x_3 とした場合，I_1 には x_1 以下の個数，I_2 には x_1 より大（x_1 は含まれない）で x_2 以下（x_2 は含む）の個数，I_3 には x_2 より大で x_3 以下の個数がカウントされる。

A.2.4 関数を入力する

前項の選択状態で，関数名を入力する。度数を意味する英語 frequency（フリーケンシー）が関数名だ。長ったらしくて間違えそうなので，=freq ぐらいまで入力して，あとはタブ（Tab）キーを押せば残りの綴りを補完してくれる。そして括弧の中だが，まずは素データの範囲を設定する。いまの場合 B 列がそうなので，B 列全体を B:B として指定する。列見出し「B」の部分をクリックしても同じ結果が得られる。つぎに，区間の情報を入力する。この場合 E3:E9 を選択する（図 A.6）。

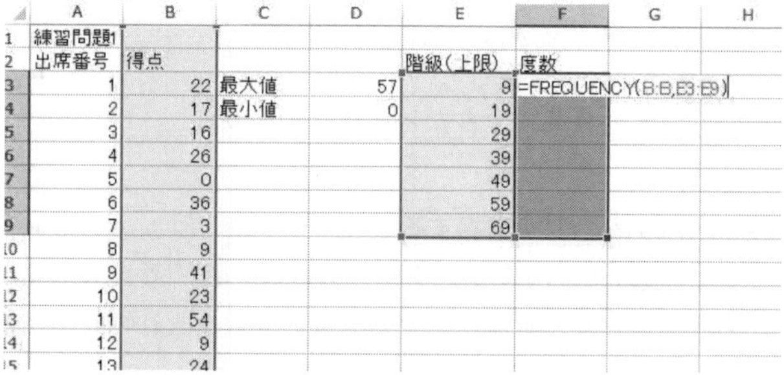

図 A.6　関数の入力

A.2.5 フィニッシュ！

いよいよ最終局面に到達だ。エンター（Enter）キーを押してはいけない。選択されたすべてのセルに対して，frequency の結果を書き込むために，**シフト（Shift）キー**と**コントロール（Ctrl）キーを押した状態で，エンターキーを押すのだ**（図 A.7）。とんでもない操作法である。しかし，これでめでたく度数が求まる（図 A.8）。一応確認のため，度数の値を合計し，もとのデータ数と一致しているかどうかを確認しておこう（セル F10）。

図 A.7　Shitf キー，Ctrl キー，Enter キー

A.2 Excelを使った度数分布の求め方   163

	A	B	C	D	E	F	G
1	練習問題1						
2	出席番号	得点			階級(上限)	度数	
3	1	22	最大値	57	9	5	
4	2	17	最小値	0	19	4	
5	3	16			29	6	
6	4	26			39	5	
7	5	0			49	7	
8	6	36			59	3	
9	7	3			69	0	
10	8	9			total	30	
11	9	41					
12	10	23					
13	11	54					
14	12	9					

図 **A.8** うまくいった例

なお，frequency が入ったセルを消去したい場合，一部だけを選択してデリート（Delete）キーを押してもエラーが出る。<u>frequency が入っている一続きのセルをすべて選択してから削除しよう</u>。うまくできたら，各度数をデータ総数で割って相対度数化するのもよい。

A.2.6 グラフ（ヒストグラム）の作成

度数分布表ができればあとは棒グラフを作るだけだが，それっぽいグラフにするにはいろいろと小技が必要だ。ここから先は体裁に関する部分なので，深入りするつもりはないけれど，度数分布に特化した部分なので特に解説しておく。

（1） グラフの作成　　ここまでの手順で得られた度数がカウントされた範囲（この例ではF3からF9）を選択し，「挿入」タブからグラフ内の「縦棒」を選択する。これでとりあえずは棒グラフが作成される。

（2） 横軸を階級上限値に設定する　　続いて，横軸の値を階級に設定する方法を説明する。とりあえず棒グラフを作ってしまってから，横軸の上で右クリックし，「データの選択」を選択する（図 **A.9**）。「データソースの選択」というウィンドウが

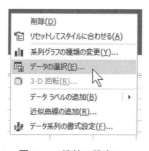

図 **A.9** 横軸の設定 (1)

開くので(図 A.10),ここで「横(項目)軸ラベル」の「編集」をクリックする.すると,ワークシート上のどのセルを横軸ラベルとして使うかを聞かれるので,望みのセルを選択すればよい(図 A.11).

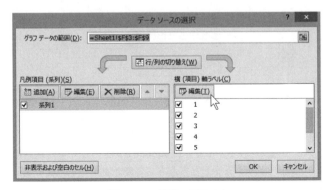

図 A.10　横軸の設定 (2)

図 A.11　横軸の設定 (3)

(3) **棒をぴったりくっつける**　度数分布のグラフでは棒と棒をぴったりつけることが重要だ.これによって階級が連続していることを明示する.Excelでは「要素の間隔」を 0 にすることでこれを実現する.**棒上で右クリックして**(図 A.12)「データ系列の書式設定」を選択すると,「系列の重なり」「要素の間隔」を設定するウィンドウが開く(図 A.13).そこで要素の間隔を 0 にするのだ.

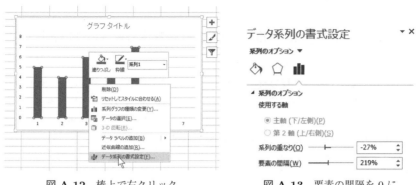

図 A.12 棒上で右クリック　　図 A.13 要素の間隔を 0 に

A.3 スタージェスの公式

階級をいくつ設ければよいかについて，さきほど**臨機応変に設定しよう**などと適当なことをいったが，一応の指針はスタージェスの公式によって与えられる[†1]。

すなわち，総データ数を n とすると

$$k = 1 + \log_2 n \tag{A.1}$$

で求められる k を階級の数とすればよいとのことである。あくまで指針であるので固執することはない。例えば先の問題では，データ数が 50 だから，この公式に従えば

$$\begin{aligned} k &= 1 + \log_2 50 \\ &= 1 + 5.6\cdots \\ &\simeq 6.6 \end{aligned} \tag{A.2}$$

となり[†2]，七つぐらいの階級に分けよというのが指針だが，これだと一つの階級の幅が 14 点ぐらいになってしまい不自然。100 点満点のテスト結果なのだから 10 点刻みで 10 個の幅にするほうが見やすいなど，それこそ臨機応変にすべきである。

[†1] ほかにもスコットの選択，平方根選択など，いろいろあるようだが，ここでは割愛する。
[†2] log とは，対数を求める計算方法のこと。この式の場合，2 を何乗したら 50 になるかを計算する。2 の 5 乗が 32，2 の 6 乗が 64 だから，5 と 6 の間で 5.6⋯。ぴったり整数にならないときは手計算では無理。

A.4 正規分布するデータセットを norm.inv で作る

norm.inv を使えば，正規分布するデータセットを作ることができる。これはすごいことだ。問題集やテストを作っているとき，あるいはシミュレーションをしているときに「適当なデータ」が必要になることがままある．2, 3 個なら適当に手で作ってもよいが，例えば 150 cm から 190 cm の範囲で 100 人分の身長データを作りたいとする．これは自動でなければとてもできない．

A.4.1 ランダムデータを作る

ランダムな（一様にばらついた）データならば，作るのは簡単だ．
関数 rand() を使えば，0 から 1 の範囲でランダムなデータができる[†]．これを使って

=150+40*rand()   (A.3)

という式を 100 個分コピー&ペーストすれば，150〜190 cm の範囲で一様にばらついた（=ランダムな）データが 100 個作れる．

A.4.2 正規分布データを作る

現実味のある，すなわち平均値付近でたくさんのデータがとれて，極端なデータはあまりとれないデータセット，例えば，平均値が 170 cm で，標準偏差が 5.5 cm の正規分布になるようなデータ 100 個を作りたければどうしよう．

答えを書けば，norm.inv の括弧内最初のパラメータに先ほどの rand() を与えればよい．

=norm.inv(rand(),170,5.5)   (A.4)

こうすると，面積（0 から 1 の範囲）をでたらめに rand で決めることになって，これを 1000 個でも 10000 個でもコピペすれば，例えば図 **A.14** のように面積をランダムに設定した状態がじゃんじゃん作られて，それに対応した x の値がじゃんじゃん得られることになる．

実際にこの計算を 1000 回やってデータセットを作り，ヒストグラムを書くと，図 **A.15** のようになる．いい感じに「平均値付近でたくさんのデータがとれて，極端なデータはあまりとれない」ヒストグラムが再現できた．このテクニック，ぜひ活用してください．

[†] 括弧の中には，なにも引数を与えなくてよい．

A.4 正規分布するデータセットを norm.inv で作る 167

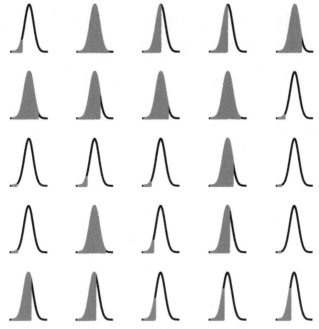

図 A.14 面積を乱数で決めた例

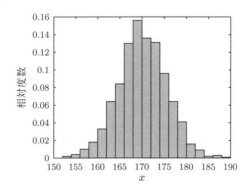

図 A.15 norm.inv で作った平均 170, 標準偏差 5.5 の正規分布に従うデータセットのヒストグラム

シミュレーションブック【A.4 正規分布するデータセットの作り方】に，単なるランダムデータと，ここで紹介した正規分布するデータを 500 個生成するデモを紹介した。F9 を押して何回かシミュレーションしていただきたい。

A.5 関数 norm.dist 内の最後のパラメータについて：累積分布関数と確率質量関数

4章で norm.dist を初めて紹介したときに，括弧内に指定する4番目のパラメータはなにも考えずに 1 と入力せよ，と説明した．これについて補足する．このパラメータは，じつは 0 と 1 が指定できる．それぞれ英語で，false と true と書いてもよい．false（偽），true（真）とはなにやら穏やかでない言葉遣いだが，あまり深い意味はない．図で表せば簡単で，図 A.16 と図 A.17 を見比べていただきたい．

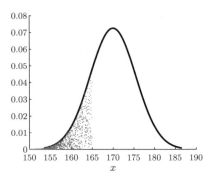

図 A.16 norm.dist(165,170,5.5,1) が求めるものは，点群が占める領域の面積である．

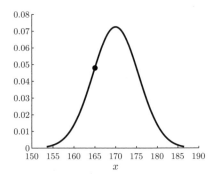

図 A.17 norm.dist(165,170,5.5,0) が求めるものは，$x = 165$ のときの $f(x)$ の値である．

すなわち，こういうことである．

（a）1を指定したとき 4章で示したように，これは正規分布において $-\infty$ からの積分値，すなわち面積を求めるときの記法である．図 A.16 では平均が 170，標準偏差が 5.5 の正規分布において，$x = -\infty$ から $x = 165$ の範囲で積分した面積を表示している．これが norm.dist(165,170,5.5,1) が計算してくれる値 $0.1816\cdots$ である．Excel のマニュアルによれば，このような計算をするとき，関数 norm.dist は累積分布関数として扱われる．イカつい名前だが，「そこまでの短冊の面積を全部足したら（＝累積したら），いくらになるかを教えてくれる関数」とでも読み替えればよい．

（b）0を指定したとき 一方，norm.dist(165,170,5.5,0) としたときは，図 A.17 で示したように，先ほどと同じ正規分布において，$x = 165$ のときの曲線上の点の y 座標 $0.0479\cdots$ が求められる．このとき，マニュアルによれば，関数 norm.dist は確率質量関数というさらにイカつい名前の関数として扱われる．すなわち，確率質量関数としての norm.dist が計算する値は，5章で出てきた正規分布の定義式

$$f(x) = \frac{1}{\sqrt{2\pi}} \exp\left(\frac{-x^2}{2}\right) \tag{A.5}$$

を一般化した式

$$f(x) = \frac{1}{\sigma\sqrt{2\pi}} \exp\left\{\frac{-(x-\mu)^2}{2\sigma^2}\right\} \tag{A.6}$$

に，なにか x を代入したときの値，つまり $f(x)$ を与えてくれる．すなわち，**グラフでいえば縦軸の値である．**

A.6　ヒストグラムが理論値と一致しない？：確率密度とはなにか

　ここでは，本書を通じてあちこちで出てきた正規分布のグラフの縦軸に書かれたラベル**確率密度**とはなにか[†]を説明する．

　まずは失敗例からお見せする．つぎのような簡単な問題を考えてもらいたい．

例題 A.1　標準正規分布に従う標本を，ランダムに 1000 個作成せよ．そして相対度数を求め，ヒストグラムを描け．ただし，階級の幅は 0.1 刻みとする．

　A.4.2 項で，norm.inv の中に乱数発生関数 rand を書くことで，正規分布をシミュレーションできることを紹介した．これを使ってこの問題を解いてみる（図 **A.18**）．

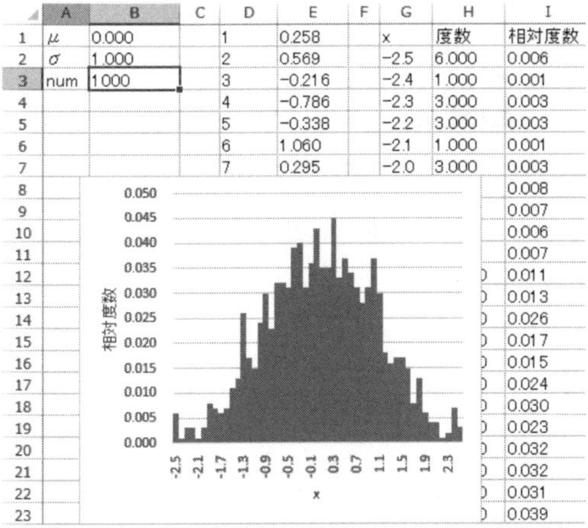

図 **A.18**　標準正規分布を 1000 個の標本でシミュレーションした．

[†] 縦軸のラベルが，その時々で「度数」「相対度数」「確率密度」と書き分けられていたことにお気づきだろうか．

(1)　B1 に平均値 0，B2 に標準偏差 1 を入力。

(2)　E 列に `=norm.inv(rand(),$B$1,$B$2)` と入力し 1000 個分コピペ。

(3)　G 列に ±2.5 の範囲で 0.1 刻みの区間を用意。

(4)　H 列に関数 `frequency` を使って，E 列の標本を度数化した。

(5)　I 列に，H 列を標本の総数 1000 で割って，相対度数化した。

はたして，図 A.18 に示されたようなヒストグラムが表示された。まったく問題ない。しめしめといったところだ。

ここで解答者くん，少し色気を出してみた。**そうだ，このグラフに標準正規分布の理論値を重ねてみよう。きっとヒストグラムにいい感じでフィットするに違いない。**そうだ，関数 `norm.dist` の最後のパラメータを 0 にすれば，いちいち

$$f(x) = \frac{1}{\sqrt{2\pi}} \exp\left(\frac{-x^2}{2}\right) \tag{A.7}$$

なんて式を入力しなくても，ダイレクトに $f(x)$ を求めてくれるのだった。では，x として G 列を指定すればいいではないか。確か `norm.dist(G2,$B$1,$B$2,0)` だったはず（図 **A.19**）。

	A	B	C	D	E	F	G	H	I	J
1	μ	0.000		1	0.258		x	度数	相対度数	理論値
2	σ	1.000		2	0.569		−2.5	6.000	0.006	0.018
3	num	1000		3	−0.216		−2.4	1.000	0.001	0.022
4				4	−0.786		−2.3	3.000	0.003	0.028
5				5	−0.338		−2.2	3.000	0.003	0.035
6				6	1.060		−2.1	1.000	0.001	0.044
7				7	0.295		−2.0	3.000	0.003	0.054
8									0.008	0.066
9									0.007	0.079
10									0.006	0.094
11									0.007	0.111
12									0.011	0.130

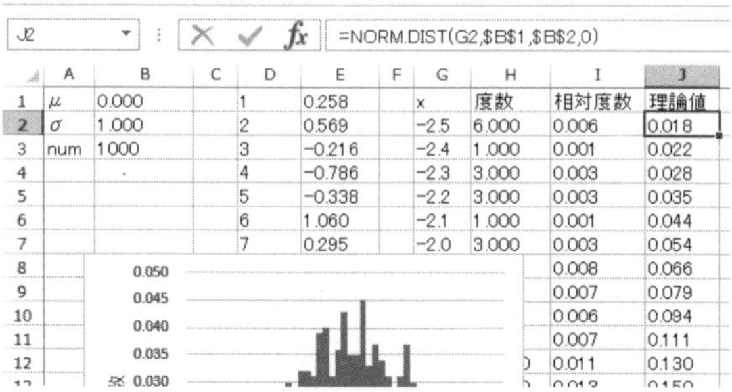

図 **A.19**　標準正規分布の理論値を `norm.dist` で求めた。

よし，これ（J 列）を，折れ線グラフとして，ヒストグラムに重ねてみよう（図 **A.20**）。

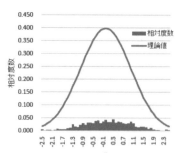

図 **A.20**　理論値を度数分布に重ねた（大失敗）。

A.6 ヒストグラムが理論値と一致しない？：確率密度とはなにか

……………………全然違う（´・ω・｀）。

F9 を何度か押してシミュレーションし直しても，ヒストグラムの最大値は理論値にまったく届かない。解答者くん，どこで間違ったのだろうか？ 標本数が足りないのだろうか？ 短冊の区間設定が悪いのだろうか？

いや，標本のヒストグラム化も，norm.dist による理論値の求め方もまったく間違いはない。しかし，**それらの縦軸が意味するところがまったく違うのである**。ヒストグラムの短冊一つひとつの高さ（y 軸の値）は，標本全体（ここでは 1000 個）の中で，その短冊に含まれる標本がいくつあるか，という割合，すなわち確率である。図 A.19 内のセル I3 あたりを見てみよう。

- セル I3：x が -2.5〜-2.4 の範囲に標本が 1 個とれた。すなわち確率 0.001 である。
- セル I4：x が -2.4〜-2.3 の範囲に標本が 3 個とれた。すなわち確率 0.003 である。
- セル I5：x が -2.3〜-2.2 の範囲に標本が 3 個とれた。すなわち確率 0.003 である。

一方で，確率質量関数（前節参照）としての norm.dist が与える数値は，もちろん式 (A.7) に $x = -2.4$ や $x = -2.3$ を代入して得られた値なのだが，それは**確率密度**と呼ばれるものである。**密度というからには，単位当りの確率の大きさ**ということだ。「単位当りの」とは，要するに**短冊の幅を 1 としたときの**，ということを意味する。

解答者くんの度数分布表の短冊の幅は 0.1 だった。したがって，これを確率密度に変換するには，I 列に求めた各相対度数（確率）を 0.1 で割らなければならない。これを行って再挑戦したところ，**図 A.21** を得た。いい感じでフィッティングしていることがわかる。みなさんもシミュレーション時にはこの点をぜひ意識していただきたい。

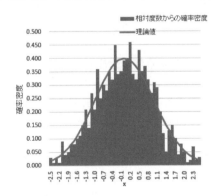

図 A.21 度数を区間の幅で割り，理論値を重ねた（成功）。

参考書籍およびウェブページ

参 考 書 籍

　最近とみに親切な統計の本が増えてきたように思う。すなわち，読者はなにがわからないのか，従来の本のなにが不親切だったのかを考えて，著者なりの哲学のもとで執筆された本である。そういう本に巡り会うとたいへんうれしいし，勉強になる。
　最後に，本書を執筆するにあたって参考にした書籍の数々を紹介したいと思う。
　（ａ）「道具としての統計解析」，一石賢，日本実業出版社 (2004)　多くの統計の書物に感じるもやもやした部分，すなわち数式による解説を逃げることなく正面から解説し，なおかつ言葉遣い自体は平易で，頼れるアニキが家庭教師になってくれた感を醸し出している。もちろん難易度の高い数学的記述もあるが，ここに答えがある，と思わせてくれるだけでも心強い。
　（ｂ）「完全独習統計学入門」，小島寛之，ダイヤモンド社 (2006)　徹底的に平易な語り口で，推定までの理解を見事に導いてくれる。特に，「統計の時制」に関する考察は斬新で，かつ腑に落ちた。
　（ｃ）「Excel で学ぶ統計解析」，涌井良幸・涌井貞美，ナツメ社 (2003)　Excel を使って，統計の諸理論（数式）を視覚化しようという，本書が範としたスタイルの入門書。入門書とはいえ，扱う範囲は広く，また Excel の使い方に関する説明も丁寧で，初学者の導入にぴったり。
　（ｄ）「はじめての統計学」，鳥居泰彦，日本経済新聞社 (1994)　まさにタイトルどおり。こんなに練習問題が充実した書籍は，ほかにないのではないだろうか。
　（ｅ）「統計学入門（基礎統計学）」，東京大学教養学部統計学教室，東京大学出版会 (1991)　本書とは真逆の，まさに網羅的に入門レベルを扱いきった書籍。まずはこの 1 冊でしょう。
　（ｆ）「t 分布・F 分布・カイ 2 乗分布」，吉澤康代・石村貞夫，東京図書 (2003)　これまたタイトルのとおり，代表的な確率分布にのみ焦点を当て，かつ Excel による丁寧な視覚化を試みている。かわいいイラストとは裏腹に強面な数式もしっかり扱っているところがいい。

（g）「統計のはなし——基礎・応用・娯楽」，大村平，日科技連出版社 (2002)
この本に限らず，大村平氏の一連の著書は本当に読みやすい。Excel なんか使わなくても，本当にシンプルな手計算だけで統計の本質を教えてもらえます。試験で点が取れるようなテクニカルな教え方ではないが，読めば目から鱗がぼろぼろと落ちます。

（h）「虚数の情緒——中学生からの全方位独学法」，吉田武，東海大学出版 (2000)　統計を直接ターゲットにした本ではないが，数学を学ぶことの意義と楽しさを心の底から教えてもらえる書物。正規分布を構成する π と exp について，その意味を深く理解したい読者はこの本を読まれるとよい。π と exp，そして虚数単位 i が一つに結びつくストーリーは圧巻である。

ウェブページ

手軽に統計の情報を集めるには，当然インターネットが活躍する。中にはプログラミング技術を駆使して，シミュレーションをブラウザ上でできるようにしてくださっているサイトも多々ある。本書で参考にさせていただいたサイトを以下に紹介する。

（a）放課後の数学入門
`http://www.kwansei.ac.jp/hs/z90010/hyousi/2106.htm`
作者は丹羽時彦という方である。高校数学の内容を JavaScript を使って視覚的に解説してくれるとても有益なサイト。ただで勉強させてもらうことが悪いぐらい網羅的に統計の解説がしてある，非常に有用なサイトである。統計に関しても密度の高い内容を展開してくださっている。

（b）高校数学の基本問題
`http://www.geisya.or.jp/~mwm48961/koukou/index_m.htm`
高校数学（だけでなく，中学数学，あるいは英語，電磁気学）に関する広範囲な解説サイト。練習問題が豊富。

（c）ひとりマーケティングのためのデータ分析
`http://hitorimarketing.net/`
ビジネスシーンを想定した統計活用の解説サイト。めちゃくちゃ丁寧で美麗かつ萌なデザイン。ストーリーを追うのに時間がかかるともいえるが，長いストーリーの中から本質のみを抜き出す良い練習となります。キャラクター設定の絵が怖い（笑）。

（d）ウェブ教材テーマ一覧
`http://kogures.com/hitoshi/webtext/`
木暮仁という方が運営しているサイト。「文系大学生対象の授業テキスト」ということで，情報系，経営，社会，数学など非常に広範囲なテーマを扱っている。JavaScript

によるデモ，例題も豊富。

（e） 健康統計の基礎・健康統計学

http://hs-www.hyogo-dai.ac.jp/~kawano/HStat/?FrontPage

兵庫大学健康科学部の河野氏が運営しているサイト。過去数年分の講義資料が惜しげもなく公開されている。サイトの構成も見やすく，網羅的。

（f） 年次統計

http://nenji-toukei.com/

個人運営によるサイト。人口，文化，産業，物価など多方面の統計データが要約されていてたいへん重宝する。

章末問題解答

1章

【1】 (ア) 無作為（ランダム），(イ) 抽出（サンプリング），(ウ) 10，(エ) 3

2章

【1】 度数分布表を**解表 2.1** に示す。

解表 2.1

区間下限（以上）	区間上限（未満）	度数
45	50	0
50	55	2
55	60	1
60	65	6
65	70	4
70	75	4
75	80	2
80	85	1
85	90	0
90	95	0

【2】 相対度数分布表を**解表 2.2** に示す。

解表 2.2

区間下限（以上）	区間上限（未満）	相対度数
45	50	0.00
50	55	0.10
55	60	0.05
60	65	0.30
65	70	0.20
70	75	0.20
75	80	0.10
80	85	0.05
85	90	0.00
90	95	0.00

【3】 度数 0 なので 0 %。

【4】 $(0.05 + 0.3 + 0.2 + 0.2) \times 100 = 75$ で，75 %。

【5】 50 kg 以上，60 kg 未満は $(0.1 + 0.05) \times 100 = 15$ で，15 %。問題が対象にしているのはこれ以外の度数。したがって，$100 - 15 = 85$ %。

【6】 ヒストグラムを**解図 2.1** に示す。縦軸に注意すること。

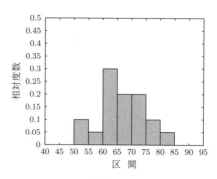

解図 2.1

3 章

【1】 計算結果を以下に記す。

	データ	平均	偏差	偏差 2 乗
$x1$	5	9	(-4)	(16)
$x2$	10	9	(1)	(1)
$x3$	12	9	(3)	(9)

合計 $= (27)$
平均 $= (9)$
偏差 2 乗和 $= (26)$
分散 $= (8.67)$
標準偏差 $= (2.94)$

ここでは分散と標準偏差を小数点以下第 3 位を四捨五入して第 2 位まで求めた。有効桁数は読者の計算環境によって異なる。

【2】 **解図 3.1** に示す。破線が平均値，実線が平均値 ± 標準偏差一つ分を示している。

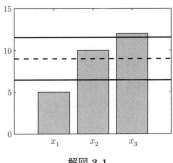

解図 3.1

4章

【1】 $(3+7)/2 = 5$。したがって, $\mu = 5$。

【2】 中心極限定理より大きさ 25 の標本平均は正規分布をなす。その平均値は

$$\overline{x} = \mu = 10$$

となる。母分散

$$\sigma^2 = 16$$

より標準偏差 σ は

$$\sigma = \sqrt{16} = 4$$

となる。標本の大きさは $n = 25$ なので, 標本平均の標準偏差 s は

$$s = \frac{\sigma}{\sqrt{n}} = \frac{4}{\sqrt{25}} = 0.8$$

となる。したがって, この標本は平均値 10, 標準偏差 0.8 の正規分布をなすと考えられる。

【3】 「確率を求めよ」なので, % に変換する必要はなく, 割合をそのまま答えればよい。

(1) $= \mathtt{norm.dist}(3, 7, 4, 1) - \mathtt{norm.dist}(2, 7, 4, 1) = 0.0530\cdots$

(2) $= \mathtt{norm.dist}(1, 7, 4, 1) - \mathtt{norm.dist}(-1, 7, 4, 1) = 0.0440\cdots$

(3) 全体の面積はすべての確率を足し合わせたものなので 1。$x = 6$ 以上の面積ということは, 全体の面積 1 から $x = 6$ までの面積を引けばよい。

$$= 1 - \mathtt{norm.dist}(6, 7, 4, 1) = 0.5987\cdots$$

【4】(1) 上位から 50 番目ということは

$$\frac{50}{200} = 0.25$$

ということで，正規分布において上位（右側）25％，下位（左側）から数えて 75％の面積を占めるような横軸の値を求める問題であり，積分の逆関数すなわち `norm.inv` を使う問題ということになる。

したがって

$$= \mathtt{norm.inv}(0.75, 5.5, 1.2) = 6.3093 \cdots$$

となり，約 6.31 m。

(2) いきなり面積が 5％と与えられている。しかし上位から 5％ということなので，左側には 95％。したがって

$$= \mathtt{norm.inv}(0.95, 5.5, 1.2) = 7.4738 \cdots$$

となり，約 7.47 m。

5 章

【1】(1) $(180 - 163)/2.5 = 6.8$

(2) $(160 - 163)/2.5 = -1.2$

(3) $(150 - 163)/2.5 = -5.2$

(4) $(130 - 163)/2.5 = -13.2$

くれぐれも単位をつけないように。

【2】(1) $92 + 7.5 \times 3 = 114.5\,\mathrm{cm}$

(2) $92 + 7.5 \times 2 = 107\,\mathrm{cm}$

(3) $92 + 7.5 \times 0 = 92\,\mathrm{cm}$

(4) $92 + 7.5 \times 1.5 = 103.25\,\mathrm{cm}$

(5) $92 + 7.5 \times (-0.1) = 91.25\,\mathrm{cm}$

(6) $92 + 7.5 \times (-0.5) = 88.25\,\mathrm{cm}$

今度は答えに単位がいる。

【3】いかにして正規分布の計算を日常的な文章の中に隠すか，出題者の苦悩が見え隠れする問題である。

(1) これは普通に `norm.dist` を使えばいい。25 万円以下の確率を全体 1 から引けばよいので

$$(1 - \mathtt{norm.dist}(25, 20, 2, 1)) * 100 \simeq 0.00621 * 100 \simeq 0.621\,\%$$

(2) (1) と同じ考え方で解ける。ただし，15万円「以下」なので，`norm.dist` が与える数値がそのまま答えになる。

$$(\verb|norm.dist|(15, 20, 2, 1)) * 100 \simeq 0.00621 * 100 \simeq 0.621\%$$

数字をよく見ると，25万も15万も平均20万から同じく標準偏差2.5個分離れているので，答えが同じになることは直感でわかる。

(3) ちょいと厄介だ。支出が多いと不満をこぼす，ということは平均よりも支出が多いことを暗示しているわけだ。で，そのAさんよりも支出が多い人が全体の10%ということは，正規分布の上側の裾野の面積が0.1，すなわち下側に0.9ということ。

ここまで来れば，面積から積分区間を求める，すなわち `norm.inv` を使う問題だということはぴんと来るはず。

$$\verb|norm.inv|(0.9, 20, 2) \simeq 22.5631$$

ということで，Aさんとそれ以上を分ける横軸の値は，約23万円ということになる。

【4】 本文でも少し触れたが，偏差値は，試験結果が正規分布すると仮定した上で，平均を50点，標準偏差を10点にするようにz変換の逆を計算するものである。

(1) 「平均80点，標準偏差12点の試験において，得点が50点」という条件から，まず素点50点がσ何個分離れているかを考える。

これは簡単で

$$\frac{50 - 80}{12} = -2.5$$

となり，σが-2.5個分離れた点数ということになる（符号がつくことに注意）。これを偏差値の世界に持ち込めば

$$(-2.5) \times 10 + 50 = 25$$

となり，偏差値は25ということになる。あまり芳しくない成績である。

おわかりだろうか。**偏差値の問題は，「素点の世界」「z変換による標準正規分布の世界」「平均50標準偏差10の世界」という三つの世界を行ったり来たりする必要がある**ので，慣れないと頭がこんがらがる。

(2) 標準正規分布の世界で計算をするというアプローチならば，まずz変換をする。

$$z = \frac{70 - 50}{10} = 2$$

したがって，標準正規分布において $z = 2$ 以上の領域の面積を求めればよい．

$$1 - \text{norm.dist}(2, 0, 1, 1) \simeq 0.02275$$

となり，$0.02275 \times 100 \simeq 2.275$ ということで，答えは約 $2.28\,\%$．

あるいは，Excel の norm.dist は任意の平均値，標準偏差を持つ正規分布での面積計算ができるのだから，つぎのやり方で一撃で求まる．

$$1 - \text{norm.dist}(70, 50, 10, 1) \simeq 0.02275$$

(3) これも一撃で求めてみよう．

$$\text{norm.dist}(40, 50, 10, 1) - \text{norm.dist}(30, 50, 10, 1) \simeq 0.1359$$

というわけで，約 $13.6\,\%$．

(4) 偏差値が 70 ということは，偏差値の世界では平均点 50 点から見て標準偏差 10 点が

$$\frac{70 - 50}{10} = 2$$

と，2 個分離れているということだ．したがって，現実世界に帰れば

$$60 + 5 \times 2 = 70 \text{ 点}$$

とればよい，ということになる．

(5) 偏差値が 60 ということは，偏差値の世界では平均点 50 点から見て標準偏差 10 点が

$$\frac{60 - 50}{10} = 1$$

と，1 個分離れているということだ．したがって，現実世界の平均点は

$$75 - 20 \times 1 = 55 \text{ 点}$$

ということになる．慣れてしまえばたいしたことないね．

6章

【1】母集団の正規性はわかっておらず，標準偏差 σ のみがわかっている．したがって，10尾の標本の平均値が中心極限定理によって正規分布すると考える．すなわち

$$z = \frac{0.7 - \mu}{0.2/\sqrt{10}}$$

となる．この z が，標準正規分布において中央に面積 0.95 を与えるような積分区間 $\pm 1.959\cdots$ の範囲に収まるように，μ を決めればよい．

$$-1.96 \leqq \frac{0.7 - \mu}{0.2/\sqrt{10}} \leqq 1.96$$

これを解くと

$$0.58 \leqq \mu \leqq 0.82$$

となる．

【2】これは母集団が正規分布するといっているのだから

$$z = \frac{170 - \mu}{11}$$

を $\pm 1.959\cdots$ の範囲に収めるように μ を決めればよい．

$$-1.96 \leqq \frac{170 - \mu}{11} \leqq 1.96$$

これを解くと

$$148.44 \leqq \mu \leqq 191.56$$

となる．

【3】(1) まずは標本の大きさ n を求める問題．取っつきにくい印象の割に，じつはたいしたことがないことが本文でわかった．

本文の説明を再掲する．

$$\left. \begin{array}{l} \text{母集団の平均値（上方信頼限界）} = \text{計測値} + 1.96 \times \dfrac{30}{\sqrt{n}} \\[2mm] \text{母集団の平均値（下方信頼限界）} = \text{計測値} - 1.96 \times \dfrac{30}{\sqrt{n}} \end{array} \right\}$$

この上方と下方信頼限界の範囲すなわち差が $3 \times 2 = 6$ になるというのだから，上から下を引いてみよう．すると，幸運にも「計測値」が打ち消され合う．

母集団の平均値（上方信頼限界）− 母集団の平均値（下方信頼限界）
$$= 2 \times 1.96 \times \frac{30}{\sqrt{n}}$$

つまり
$$6 = 2 \times 1.96 \times \frac{30}{\sqrt{n}}$$

であり，適当に変形すれば
$$\sqrt{n} = \frac{2 \times 1.96 \times 30}{6}$$

となる。ルートをとるために両辺2乗すると
$$n = 384.1459\cdots$$

となる。小数点以下切り上げて，答えは約385個。

(2) つぎは，信頼係数が99％に設定されているだけのことである。すなわち，標準正規分布において，中央に99％の面積をとるための積分区間を求めると，つぎのとおり。

$$\texttt{norm.inv}(0.005, 0, 1) \simeq -2.575$$
$$\texttt{norm.inv}(0.995, 0, 1) \simeq +2.575$$

これを (1) の値と差し替えるだけ。
$$14 = 2 \times 2.575 \times \frac{30}{\sqrt{n}}$$
$$\sqrt{n} = \frac{2 \times 2.575 \times 30}{14}$$

ルートをとるために両辺2乗すると
$$n = 121.8654\cdots$$

となる。小数点以下切り上げて，答えは約122個。

【4】信頼区間の幅に対応する信頼係数を求めよという，これはちょっと珍しい趣向の問題。でも，アリだと思う。さきほどの信頼区間の幅を求める問題と同様の考え方をする。

信頼区間 α が未知数となり，方程式は
$$3.4 \times 2 = 2 \times \alpha \times \frac{20}{\sqrt{81}}$$

となるね。まずは $\alpha =$ の形まで持っていこう。

$$\alpha = \frac{2 \times 3.4 \times \sqrt{81}}{2 \times 20}$$
$$= 1.53$$

最終的に標準正規分布において $x = \pm 1.53$ の範囲が占める面積を求めることを考える（このロジック大丈夫だろうか？）。

$$\texttt{norm.dist}(1.53, 0, 1, 1) \simeq 0.93699$$

ということは，$-\infty$ から 1.53 までの面積が 0.93699 となるので，上側の裾野の面積が $1 - 0.93699 \simeq 0.0630$ となり，これを左右分，全体から引いて $1 - 0.0630 \times 2 \simeq 0.874$ となる（このロジックも大丈夫だろうか？）。したがって信頼係数は約 87.4%。

【5】 母標準偏差が不明で，標本の大きさも 10 人と少ない，すなわち，これは t 分布の問題である。したがって，95％信頼係数での t 値を求める必要がある。t 値の計算には自由度（データ数 -1）が必要だったことを思い出しつつ，t 分布において中央に 95％の面積をとるときの上方信頼区間を求めると

$$\texttt{t.inv.2T}(0.05, 10 - 1) \simeq 2.262$$

となる。したがって

$$156 - 2.262 \frac{14}{\sqrt{10}} \leqq \mu \leqq 156 + 2.262 \frac{14}{\sqrt{10}}$$

であり，これを解いて

$$145.99 \leqq \mu \leqq 166.01$$

となる。

【6】 まず，これは t 分布を用いる問題であることはよいだろう。つぎに，必要な情報を実験結果の表を用いて自分で求める，というところが少し現実っぽい。

標本平均 $\bar{x}$ は $\texttt{average}$ を用いるだけのことで，1364。不偏分散の平方根 u は $\texttt{stdev.s}$（$\texttt{stdev.p}$ ではない！）を使って求めると，約 69.793。自由度は $10 - 1 = 9$ なので，t 値は約 2.262。

あとは，【5】と同じ手順で，上方および下方信頼限界を求めよう。

$$1364 - 2.262 \frac{69.793}{\sqrt{10}} \leqq \mu \leqq 1364 + 2.262 \frac{69.793}{\sqrt{10}}$$

これを解いて

$$1314.07 \leqq \mu \leqq 1413.93$$

となる。

7章

【1】 これは母集団が一般的な正規分布で，母平均もわかっているという条件。

10個のデータと母平均との偏差2乗和を，母分散 σ^2 で割ったもの $15/\sigma^2$ が，カイ2乗分布を構成するのだった。

この条件では標本の大きさ＝自由度となるので，自由度は 10。信頼係数が 95 ％ ということは左右に 2.5 ％ の裾野を残すことになり，自由度 10 のカイ2乗分布におけるそれらの境界値は

$$\texttt{chisq.inv}(0.025, 10) \simeq 3.247$$
$$\texttt{chisq.inv}(0.975, 10) \simeq 20.483$$

であるので，不等式

$$3.247 \leqq \frac{15}{\sigma^2} \leqq 20.483$$

を解いて

$$0.73 \leqq \sigma^2 \leqq 4.62$$

となる。

【2】 これは母集団が不明で，母平均もわからないという条件。

20個のデータと標本平均との偏差2乗和を，母分散 σ^2 で割ったもの $15/\sigma^2$ も，やはりカイ2乗分布を構成するのだった。

この条件では標本の大きさ＝自由度 -1 となるので，自由度は 19。前問と同様に，信頼係数が 95 ％ ということは左右に 2.5 ％ の裾野を残すことになり，自由度 19 のカイ2乗分布におけるそれらの境界値は

$$\texttt{chisq.inv}(0.025, 19) \simeq 8.907$$
$$\texttt{chisq.inv}(0.975, 19) \simeq 32.852$$

であるので，不等式

$$8.907 \leqq \frac{15}{\sigma^2} \leqq 32.852$$

を解いて

$$0.46 \leqq \sigma^2 \leqq 1.68$$

となる。

8 章

【1】 母集団が正規分布することがわかっているので，調査結果 $\overline{x} = 52000$ を，母平均 $\mu = 50000$，母標準偏差 $\sigma = 1200$ を用いて単純に z 変換すればよい。

$$z = \frac{52000 - 50000}{1200} = 1.667$$

この問題は，全国平均よりも高いかどうかを検定するので，片側検定である。したがって，有意水準 5％は，標準正規分布の右裾だけにとる。すなわち，左側に 95％の面積を残す積分区間は，$-\infty$ から

```
norm.inv(0.95,0,1)
``` $\simeq 1.645$

までである。

z 変換値はこれをわずかに上回るので，結論は「A 市の平均家賃は有意水準 5％のもとで有意に全国平均よりも高い」となる。

【2】 母集団の正規性に関してはなにも言及がない。ということは，100 個の標本の平均値が，中心極限定理によって正規分布するという性質を利用する。

この標本は $\mu = 60$，$\sigma = 1/\sqrt{100}$ という正規分布をなす。ここにおいて標本平均 $\overline{x} = 60.2$ は特異な値だろうか，を検定するわけである。

$$z = \frac{60.2 - 60}{1/\sqrt{100}} = 2$$

標準正規分布 $\mu = 0$，$\sigma = 1$ において，中央 95％の面積を与える積分区間は $\pm 1.96 \cdots$ の範囲であった。検査結果を z 変換すると 2 になったので，わずかにこの範囲を逸脱している。したがって，この検査結果はレアなケース，すなわち「有意水準 5％のもとで有意に規格の範囲外」といえる。

【3】 平均値の差を検定する問題である。ただし，標本の大きさが 100 であるので，標本の標準偏差を母集団の標準偏差と考え，差の変換値が標準正規分布においてレアな値かどうかを判断する。

変換式 (8.12) に問題の数値を代入する。

$$z = \frac{\overline{x_\mathrm{B}} - \overline{x_\mathrm{A}}}{\sqrt{\left(\dfrac{\sigma_\mathrm{A}^2}{n_\mathrm{A}} + \dfrac{\sigma_\mathrm{B}^2}{n_\mathrm{B}}\right)}}$$

$$= \frac{210 - 200}{\sqrt{\frac{30^2}{100} + \frac{40^2}{100}}}$$
$$= \frac{10}{5}$$
$$= 2$$

また，問題文「畑 B が良く育っているといえるか」に注目すると，これは片側検定の問題といえる．したがって，標準正規分布において，片側だけに 95 %，裾野に 5 % の領域を与えるような境界値は norm.inv(0.95,0,1)=1.645 である．変換値は十分にこれを上回っているので，5 % の有意水準で畑 B のほうが良く育っているといえる．

【4】 本問は母比率の検定である[†]．すなわち，サイコロの 6 の目が出る確率（母比率）は，母集団内では 1/6 となる（何度もサイコロを振れば究極 1/6 になるだろう，ということ）．そして，100 回の実験の結果は 24 回 6 の目が出たとあるが，はたしてこれはレアな結果といえるだろうか（すなわちインチキサイコロかどうか）を検定せよといっているのだ．

1/6 の確率なら，100 回中 16 回程度 6 の目が出てほしいものだが，24 回とは微妙に多い気もする．これを統計的にありうる結果か，インチキな結果かを判断する．

式 (8.13) に従って

$$\bar{x} = \frac{24}{100}, \quad p_0 = \frac{1}{6}, \quad n = 100$$

を代入してみる．

$$z = \frac{24/100 - 1/6}{\sqrt{\frac{1/6(1 - 1/6)}{100}}} \simeq 1.968$$

また，文意は確率が 1/6 に等しいか異なるかを検定するので，両側検定である．したがって，有意水準 5 % の棄却閾は，標準正規分布の中央 95 % の面積をとるように配置したときの状況で考えればよい．

棄却閾の値は norm.inv(0.975,0,1) ≃ 1.959 となり，統計量はこれをわずかに上回るため，24/100 という確率はレアな値ということになる．

結論として，5 % の有意水準で，6 の目の出る確率は 1/6 とはいえない（すなわち，インチキサイコロである）．

[†] 1〜6 のすべての出目に関する出現確率が提示されていれば，カイ 2 乗検定の問題と考えるべきであろう．

【5】 本問は母比率の差の検定である．統計量そのものは，式 (8.16) に従って数値を代入すればよい．

$$z = \frac{0.75 - 0.73}{\sqrt{p(1-p)\left(\dfrac{1}{3000} + \dfrac{1}{3500}\right)}} \simeq 1.831$$

なお

$$p = \frac{0.75 \times 3000 + 0.73 \times 3500}{3000 + 3500} \simeq 0.739$$

である．

さて，一読してわかるとおり，本問は関東では醤油ラーメン優勢かどうかを判断するため，片側検定である．このことと，有意水準が１％であることに注意すると，棄却閾の値は

`norm.inv`$(0.99, 0, 1) \simeq 2.326$

であり，統計量 z はこれには及ばない．したがって，残念ながら，醤油ラーメンが関東で優勢であるとはいえない．

【6】 本問はカイ２乗検定である．式 (8.21) でいうところの理論値 E が日本全国の血液型分布であり，観測値 O が ○○ 県での調査結果の分布となる．この式に数値を代入して，χ^2 を求めてみる．

$$\chi^2 = \frac{(45-40)^2}{40} + \frac{(15-20)^2}{20} + \frac{(22-30)^2}{30} + \frac{(18-10)^2}{10}$$
$$\simeq 10.408$$

また，５％有意水準，自由度 3（= 4 − 1）での，カイ２乗分布の棄却閾は

`chisq.inv`$(0.95, 3) = 7.815$

なので，統計量 χ^2 はこれを上回った．したがって，有意水準５％のもとで，○○ 県の血液型分布は全国のそれとは異なる，と結論づけられる．

おわりに

本書執筆の背景

　筆者は10年以上にわたって京都の佛教大学で,「教科数学」という社会人を主対象とする科目を担当してきた。社会人であるから,夏休みあるいは春休みの短期間の講義に参加することとなる。その中にデータ解析という講義があり,これに割り当てられた時間はじつに1日半である。自宅での学習において基本的なExcelの操作と記述統計学（平均や分散）を修めてきた受講生が,1日半で推計統計学を学ぶのである。

　この講義を最初に依頼されたとき,カリキュラム作りに頭を悩ませた。はたしてどこを到達目標にするべきか。そして,その密度はどれほどにするべきか。統計学は細かいところを言い出せばきりがなく,眠いだけのものとなる。といって,Excelのツールを使って統計解析の方法だけを扱っても,けっきょくなにをやっているのかは意味不明なままだ。そこで出した結論が,本書の大部分を割いた,なぜ統計といえば正規分布の計算をしなければならないのか,ほぼその一点に集中しよう,というものだった。これさえ腹の底から理解できれば,それ以降の統計解析の理論は,数式の導出,証明はできなくても,Excelを使った手計算という現実とリンクしたものとして納得がいくはずだと考え,実践した。そして,そのもくろみは,毎回の講義のアンケートを見る限り,ほぼ成功したと自負している。

　本書は,この講義のストーリーに若干の追加を施し執筆したものである。その結果,本書は,1週間もあれば推計統計学を今後続けていくための基礎体力

おわりに 189

が身につく教科書として仕上がった。そのため，ある程度の予備知識がある人（そもそも Excel とはなんぞやとか，統計とはなんぞやとかに関する多少の経験者）が対象となっている。このあたりを外してしまうと，本書はまったく不親切なものとなるだろう。一方で，過去に統計の講義を受け途中から霧に巻かれてしまった人に，すっきり感を与えられれば幸いである。

本書で足りないもの

というわけで，本書は統計の入門書としては網羅的ではなく，かなり粗っぽい。本文内でも言い訳がましく触れてはいるが，本書だけではなにが足りないかを，思いつくままに列挙してみよう。

Σ の計算方法

扱えば忌み嫌われる，扱わなければありがたみがない，なんとも不幸なトピックスである。しかしなんのことはない，長々と書き下す必要のある計算式をスマートに書き表すための便宜的な表現に過ぎない。プログラミングによる処理にあたっては，見やすく定式化してもらったほうが日常言語で書かれるよりも話が早くてよい。良いこと尽くしのテクニックなので，時間と精神に余裕のあるときに挑戦してみることを強くお勧めする。

F 分布など

二つの正規分布が持つ分散 σ_1^2, σ_2^2 は等しいのだろうか，異なるのだろうか。これは，二つの分散の比が，F 分布表に記された臨界値よりも大きいか小さいかを判断すればよい。これが F 分布を用いた F 検定である。書いてしまえばこれだけのことである。

しかし，F 分布，あるいは F 検定の用途は，本書の範囲を少々超えるため，割愛した。

その他，本書で扱っていない確率分布は多々ある。ポアソン分布，超幾何分

布，ベルヌーイ分布，コーシー分布，ベータ分布，ガンマ分布 …。しかし，本書をここまで読み進めた読者ならば，イカツいのは名前だけであって，すべてExcelで答えを求められる式が存在し，それらの分布はなにか現実的な要請があって生まれてきたのだ，という考え方ができるようになっているはずである。

分　散　分　析

　本書の最後で紹介した，二つの平均値が同じものかどうかを統計的に検証する t 検定。実験の条件の組み方がAグループとBグループの比較，といった単純なものならば，そこで紹介した手法でかまわない。しかし，二つのグループの比較ではなく，三つ以上のグループの比較，あるいは別の次元での条件（例えばAグループ，Bグループそれぞれがさらに男女に分かれる，あるいは去年のAグループBグループと今年のAグループBグループ）が加わると，これは t 検定では対応できない。これを無視して手当たりしだいに二つの平均値を t 検定すると，普通，論文は却下され，博士号はもらえず，就職ができなくなる。このような複雑な実験デザインにおいて，理論的にフェアな基準で平均値を比較する方法が分散分析である。しかし，これを丁寧に説明し出すと事典のような本になってしまうため，割愛した。

相関と回帰分析

　まったく毛色の異なるトピックスである。親の身長が高ければ子供の身長も高いのだろうか。体重が重ければ収入が多いのだろうか。風が吹けば桶屋が儲かるのだろうか。（最後の例は誤用である）。二つの連続変量の関連の強さを定量化したものが相関である。また，二つの連続変量の関係を直線あるいは曲線（すなわち数式）の当てはめによって，一方がわかればもう一方も予測できるようにするのが回帰分析である。このトピックスは日常生活においても非常に有用で，かつそこに至るまでの推計統計に疲れた頭には非常に心地良いが，やはり，正規分布を攻略する本書にはそぐわないものとして泣く泣く割愛した。

ベイズ推定

　本書が扱う推計統計学は，じつは古典的統計と呼ばれている。すなわち，データを生み出す母集団の存在を仮定し，かつそれが正規分布であることを仮定する，という考え方の枠組みが古典的だというのだ。古典的な考え方でもヒーヒーいっている学習者から見れば，おニューな統計であるベイズ推定はさぞや難しいに違いない，とたじろぐところだが，これがなかなかどうして，とっつきやすい。つまり，古典が受けているいろいろな制約を取り払い，柔軟なアプローチで推定するという方法論は直感にも当てはまりやすく，忌避する理由はない。もちろん古典があってのニューウェーブであり，両者の適用範囲を見極め使い分けることができることが望ましい。損はしないので，いつの日かぜひ触れていただきたい。

謝　辞

　まずは長年にわたって筆者に推計統計学の講義を担当する機会を与えてくださった，佛教大学と同校の長尾文孝先生に感謝したいと思います。長尾先生には本書の草稿を読んでいただき，貴重なコメントを多々いただきました。同志社大学の竹原卓真先生にも草稿に対するご意見をいただくと同時に，貴重な情報を多々いただきました。また，コロナ社編集部には文章の校正から最終的な出版に至るまで多大なご支援をいただきました。また，編集部に紹介していただいた匿名の先生方からのコメントも，本書をブラッシュアップする上で非常に参考になりました。ここに謹んでお礼申し上げます。

　最後に，本書執筆の原動力を与えてくれた，筆者に縁のある方々，そして家族の恵子と歌乃と両親にも感謝したいと思います。

索引

【あ】
アルファベット　29

【か】
カイ2乗（χ^2）検定　148
カイ2乗分布　113
確率　14, 48
確率質量関数　168
確率密度　169
片側検定　125, 126
下方信頼限界　88

【き】
棄却域　154
記述統計学　i
帰無仮説　154
ギリシア文字　29

【け】
計測　2
検定　i, 125

【さ】
サンプリング　4
サンプル　5

【し】
シミュレーションブック　ii
自由度　101
上方信頼限界　88

【す】
推計統計学　i, 3

【せ】
推定　i, 75
スタージェスの公式　165

【せ】
正規化　61
正規得点　62
正規分布　12, 26
積分　49
積分区間　50

【そ】
相対度数分布表　14

【た】
対立仮説　154

【ち】
抽出　4
中心極限定理　8, 32

【て】
データ　5

【と】
統計量　9, 83, 121
度数分布グラフ　12

【ね】
ネイピア数　66

【ひ】
ヒストグラム　12
標準化　61
標準正規分布　28, 68, 141

【ひ】
標準得点　62
標準偏差　25
　——の不偏推定量　95
標本　5
　——の大きさ　5
標本サイズ　5
標本数　6
標本比率　141
比率　140

【ふ】
不偏分散　30, 90, 91
分散　21
分布　9, 12

【へ】
平均　19
偏差　20
偏差値　25, 61
偏差2乗和　23

【ほ】
母集団　3
母比率　141
母分散　3, 30
母平均　3, 59

【む】
無作為化　4

【ゆ】
有意水準　154

【ら】

ランダマイズ　4

【り】

両側検定　125, 126

【る】

累積分布関数　168

【わ】

割合　14

【C】

chisq.inv　118

【E】

exp　26, 65

【F】

frequency　162

【G】

gamma　102

【N】

norm.dist　51
norm.inv　56

【S】

stdev.p　97
stdev.s　97
Studentのt検定　135

【T】

t検定　132
t分布　90, 98
t.inv　106, 132
t.inv.2T　106

【V】

var.p　96
var.s　96

【X】

$\bar{x}$　29

【Z】

z得点　62
z変換　61

95％信頼区間　76
χ^2（カイ2乗）分布　114, 121
Γ　101
μ　26, 29
ν　101
π　26
σ　26

【シミュレーションブック】

3.2_正規分布とμとσ　27
4.2_サイコロ1000回　34, 36, 37, 45
4.7_正規分布と積分区間と面積　51
5.1_正規化，標準化，z変換　62
6.2_区間推定のキモ　80
6.4.3_不偏分散のシミュレーション　93
6.4.5_t分布のシミュレーション　98
6.4.6_ガンマ関数とt分布　102
6.4.8_区間推定練習問題　108
7.2_カイ2乗分布1　114
7.5_カイ2乗分布2　122
8.3_母平均の差の検定　135
8.3_母平均の差の検定シミュレーション　138
8.4_母比率の検定　142
8.5_母比率の差の検定　145
8.6_カイ2乗検定　151
A.2_度数分布練習問題　160
A.4_正規分布するデータセットの作り方　167

―― 著者略歴 ――

1992 年 同志社大学大学院文学研究科博士課程（前期課程）修了
　　　　 修士（文学）
1997 年 奈良先端科学技術大学院大学情報科学研究科博士課程修了
　　　　 博士（工学）
1997 年 大阪工業技術研究所勤務
2001 年 産業技術総合研究所勤務
　　　　 現在に至る

最速の推計統計 ― 正規分布の徹底攻略 ―
Shortcut to the Inferential Statistics
― Breakthrough the Normal Distribution ―

Ⓒ Hiroshi Watanabe 2016

2016 年 10 月 13 日　初版第 1 刷発行　　　　　　　　　　　★

検印省略	著　者	渡　邊　　　洋
	発行者	株式会社　コロナ社
	代表者	牛来真也
	印刷所	三美印刷株式会社

112-0011　東京都文京区千石 4-46-10
発行所　株式会社　コロナ社
CORONA PUBLISHING CO., LTD.
Tokyo Japan
振替 00140-8-14844・電話 (03) 3941-3131 (代)
ホームページ http://www.coronasha.co.jp

ISBN 978-4-339-06112-3　　（新宅）　（製本：愛千製本所）G
Printed in Japan

本書のコピー，スキャン，デジタル化等の
無断複製・転載は著作権法上での例外を除
き禁じられております。購入者以外の第三
者による本書の電子データ化及び電子書籍
化は，いかなる場合も認めておりません。

落丁・乱丁本はお取替えいたします